Simone Doepp
Gabriele Metz

Trick Dogs

Der Spaß geht weiter

Geschick und Akrobatik für pfiffige Hunde

KOSMOS

Inhalt

Zu diesem Buch

Das Trick Dogs Team rund um Simone Doepp zeigt Ihnen, wie man bestimmte Verhaltensweisen bei Hunden wecken kann, die man vielen Vierbeinern gar nicht zugetraut hätte. Es ist erstaunlich, dass man „normalen" Hunden so spektakuläre Tricks beibringen kann. Probieren Sie es aus! Dabei werden Sie feststellen, dass Sie ganz nebenbei eine viel intensivere Beziehung zu Ihrem Hund aufbauen. Außerdem lernt Ihr Hund schneller, als Sie es vielleicht erwartet hätten, und reagiert selbst auf kleinste Gesten. Denn Trickdogging lastet Ihren Hund nicht nur körperlich aus, sondern auch geistig.

Jeder Trick in diesem Buch basiert auf ein genau abgestimmtes Timing und der passenden Bestärkung, meistens in Form von Futter, aber auch als verbales Lob. Auch der Clicker wird als Hilfsmittel eingesetzt. Dadurch wird die Aufmerksamkeit des Hundes geschult, sodass Sie selbst komplexe Verhaltenssequenzen in das Training einbauen können.

Die Trick Dog Teams von Simone und ihren Freunden können nicht nur erstaunliche Tricks zeigen, sie erreichen wesentlich mehr: Die Tricks in diesem Buch öffnen eine ganz neue Welt an Möglichkeiten, die das Verständnis von Mensch und Hund bereichern. Zudem können manche Tricks im Alltag hilfreich sein. Sie stammen aus dem Bereich der Behindertenbegleithunde, wie zum Beispiel das Türen öffnen oder Objekte aufheben.

Viel Spaß beim Tricksen,

Ihr Dr. Roger Mugford
Britischer Tierpsychologe

Liebe Hundefreunde,

als mir Simone und Peter Doepp erzählten, dass sie eine weitere Lektüre zum Thema „Trick Dogs" planen, war ich sofort bereit, diese einleitenden Worte zu schreiben. Denn kreative Beschäftigungsmöglichkeiten, die über das bloße Spazierengehen hinausgehen, sind zum einen überaus spannend und zum anderen für die Entwicklung eines Hundes hilfreich. Unterforderte Hunde können sehr schnell in einen Frustrationsmodus verfallen, sie entwickeln in der Konsequenz möglicherweise unliebsame Verhaltensmuster. Um etwaigen Problemen vorzubeugen, benötigen unsere Hunde sinnvolle Auslastung – und zwar sowohl körperlich als auch geistig. Hunde lieben adäquate Herausforderungen, das macht sie zufrieden und ausgeglichen.
Simone und Peter habe ich vor einigen Jahren auf einer Messe kennenlernen dürfen. Ich war beeindruckt von den mannigfaltigen Fähigkeiten ihrer Hunde. Von den vielfältigen Kunststücken und Tricks, die diese Hunde auf Lager hatten. Was mir jedoch am allermeisten imponiert hat: Die Hunde strahlten eine unglaubliche Freude aus, sie waren unbekümmert und gleichzeitig total entspannt.
Mit diesem Buch erhalten Sie, liebe Hundefreunde, tolle Anregungen, wie Sie ihren Vierbeiner geistig-körperlich optimal auslasten können. Natürlich kann niemand erwarten, dass sich jeder Hund zu einem Super-Dog erziehen lässt, der hochkomplexe Zirkusakrobatik aufs Parkett legt. Aber kleinere Aufgaben sind für jeden Hund ungemein wichtig und wertvoll.

In diesem Sinne wünsche ich Ihnen viel Spaß mit diesem
Buch und den Trick Dogs
Ihr Martin Rütter

So trickst auch Ihr Hund

BEWUSSTER BLICKKONTAKT und rege Aufmerksamkeit sind zwei wichtige Voraussetzungen für erfolgreiches Trickdogging. Und dabei handelt es sich eigentlich gar nicht um zwei allzu unterschiedliche Basics. Ein aufmerksamer Hund sucht ganz automatisch den Blickkontakt zum Trainer. Somit geht beides Hand in Hand.

So macht Tricksen Spaß

Manche Hunde bieten von Natur aus ein hohes Maß an Aufmerksamkeit an, bei anderen ist eine gezielte Förderung gefragt. Dennoch sollten auch hoch motivierte Hunde ein spezielles Aufmerksamkeitstraining absolvieren, wenn ihre Begeisterung für Kunststücke irgendwann mal nachlässt.

Immer der Reihe nach

Beim Aufmerksamkeitstraining hilft es, eine bestimmte Reihenfolge einzuhalten: Zuerst eine geringe Ablenkung wählen, während der Hund hoch motiviert ist. Dann einen mittelstarken, ablenkenden Reiz wählen, solange der Vierbeiner das volle Maß an Motivation zeigt. Schließlich einen stark ablenkenden Reiz bei hoher Motivation einsetzen. Auch ihm sollte der Hund widerstehen. Ansonsten gehen Sie einen Trainingsschritt zurück und planen mehr Zeit ein. Die Ablenkungen müssen so sein, dass der Hund eine Chance hat, sie zu meistern. Es macht keinen Sinn, anfangs mit zu starker Ablenkung zu arbeiten und gleichzeitig einen schwierigen Trick zu fordern.

Auf mittlerem Motivationsniveau

Doch damit ist das Aufmerksamkeitstraining nicht abgeschlossen. Nun wiederholt man jeden Trainingsschritt nochmals bei mittlerer Motivation. Erneut mit einer geringen Ablenkung beginnen, dann eine mittlere und schließlich eine starke Ablenkung einsetzen, um die Aufmerksamkeit des Hundes herauszufordern.
Ganz wichtig: Die ablenkenden Reize unbedingt ganz langsam steigern. Überfordern Sie den Hund keinesfalls, denn das schwächt seine Motivation. Misserfolge sind also eher schädlich für erfolgreiches Trickdogging. Sobald etwas nicht wie geplant klappt, gehen Sie einen Trainingsschritt zurück, damit der Hund eine neue Chance bekommt.

Es lohnt sich

Zu Beginn ist es wichtig, jede noch so kleine Aufmerksamkeit des Hundes mit einem besonders guten Leckerchen zu bestärken. Später erfüllen kleine Leckerchengaben diesen Zweck. Hilfreich ist auch, gerade in der ersten Zeit ausschließlich Tricks zu üben, die der Hund ausgesprochen gern und sicher macht.

Freies Formen

In den USA und England wird es „Free Shapen" oder auch „Free Shaping" genannt. Deutsche Trickdogger bezeichnen diese Trainingsmethode als freies Formen. Das klingt nach Freiheit und jeder Menge Kreativität. Doch was hierfür vor allem erforderlich ist, ist eine gute Beobachtungsgabe. Der Trainer nimmt sich Zeit, verhält sich passiv und beobachtet seinen Hund. Sobald dieser zufällig eine Verhaltensweise zeigt, die gut in den Trainingsplan passt, erfolgt eine dezente Bestärkung. Der Hund soll dieses Signal nicht als abschließende Belohnung empfinden, sondern eher als Zeichen für den richtigen Weg.
Dabei gilt es, erwünschtes Verhalten bereits im Ansatz zu erkennen und im selben Moment zu bestärken. Das kann eine ganz kleine Bewegung in die richtige Richtung sein oder auch nur ein dezentes Neigen des Kopfes. Es sind viele kleine Schritte, die letztendlich zum Erfolg führen. Das Überspringen wichtiger Teilschritte gefährdet den Trainingserfolg. Bringen Sie daher Zeit und Geduld mit.

All das muss sitzen

Leckerchen wirken nur dann, wenn sie auch richtig eingesetzt werden. Simone Doepp hält hierfür einen ganz persönlichen Tipp parat: Sie stellt sich vor, dass Leckerchen und Hundenase durch ein unsichtbares Gummiband miteinander verbunden sind. Die Länge variiert – abhängig von der erforderlichen Position der Trainerhand – zwischen zwei und zehn Zentimetern. Das verhindert ein zu schnelles und unkoordiniertes Bewegen der Leckerchenhand. Der Hund kann nun auch langsam folgen, was für das Erlernen vieler Tricks wichtig ist.

Folge dem Leckerchen

Generell gelten beim Leckercheneinsatz folgende Mechanismen: Führt der Trainer den verführerischen Happen über die Hundenase, senkt sich dadurch der Hundepopo ab. Führt er den Leckerbissen in Richtung Brustbein des Hundes, stellt sich der Hund wieder auf. Ein in Richtung Boden geführtes Leckerchen bewirkt ein Absenken des Kopfs und motiviert zum Hinlegen. Auch Schieben ist möglich. Dazu bewegt der Trainer das Leckerchen in die gewünschte Richtung und der Hund weicht, um schließlich in die Position zu kommen, die Zugriff auf die Belohnung ermöglicht.

Hör- und Sichtzeichen

Während bei der Leckerchengabe klare Regeln herrschen, lässt die Wahl des entsprechenden Hörzeichens viel Spielraum. Der Fantasie sind fast keine Grenzen gesetzt. Lediglich ähnlich klingende Wörter sollten aufgrund einer Verwechslungsgefahr vermieden werden. Überlegen Sie sich auch entsprechende Sichtzeichen, denn viele Hunde reagieren weitaus zuverlässiger auf körpersprachliche Signale als auf Hörzeichen. Auch die Kombination aus beidem ist sinnvoll beim Trickdogging – sowie im Alltag mit dem Hund.
Kombiniert werden sollten auch die rechte und die linke Seite des Hundes. Jeder Vierbeiner hat eine Schokoladenseite, auf der er bestimmte Tricks besonders gern oder gut zeigt. Trainieren Sie auch unbedingt die schlechtere Seite regelmäßig, damit es nicht zu einer einseitigen Belastung kommt.

Auf Distanz

Auch das Thema Distanz gehört zu den Trickdogging-Basics. Schließlich gibt es viele tolle Kunststücke, bei denen sich der Hund vom Trainer entfernt. Um das aufzubauen, ist es wichtig, die Bestärkung auch aus der Distanz heraus zu geben. Das bedeutet: das Leckerchen zuwerfen, auch wenn der Vierbeiner mit der Hand durchaus noch erreichbar wäre. So lernt der Hund, sich von der Hand zu lösen.

Zu einfach?

Mit einfachen Tricks beginnen? Viel zu langweilig. Besser gleich den bühnenreifen Auftritt proben. Falsch gedacht. Denn am Anfang sind es gerade die einfachen Tricks, die dem Hund zeigen, wie viel Spaß gemeinsames Tricksen macht. Schnelle Fortschritte und viele Erfolgserlebnisse sind jetzt wichtig. Möglichst keine Misserfolge provozieren. Und wenn es doch einmal passiert, gleich wieder ausbremsen und mit einfacheren Aufgaben weitermachen.

Lust auf kleine Erfolge

Viele kleine Übungsschritte führen in der Anfangsphase zum Ziel. Und später, bei den anspruchsvollen Tricks, sollten sich Trickdogger wieder auf diese Vorgehensweise besinnen. Nur keinen Übereifer an den Tag legen! Trickdogging soll Hund und Mensch Spaß machen. Sonst nichts. Hinzu kommt, dass fortgeschrittene Tricks teilweise eine systematische Schulung der Muskulatur erfordern oder auf anspruchsvollen koordinativen Fähigkeiten beruhen. Dazu gehören Tricks wie „Männchen machen“ oder „In die Pfanne klettern“. Ohne entsprechendes Training kann es zu Misserfolgen kommen. Und die werfen ein Trickdogging-Team ganz schnell zurück. Denn körperlich anstrengende Tricks müssen vom Hund verstanden und – nach entsprechender Vorbereitung – körperlich umgesetzt werden. Nur weil jemand theoretisch versteht, wie ein Handstand funktioniert, kann er ihn noch längst nicht ausführen. Dazu befähigt erst ein vorbereitendes Training.

Lieber erst mal locker bleiben und kreativ sein. Denn so mancher herzzerreißend lustige Trick entstand aus einem Versuch, der in einer vermeintlichen Sackgasse endete. Einfach mal schauen, was sich ergibt, und daraus einen noch nie da gewesenen Trick entwickeln! Dabei ergeben sich oft verblüffende Ergebnisse.

Männchen machen? Das sieht einfach aus, hat aber seine Tücken. Je weniger Talent zum Ausbalancieren der Hund hat, umso schwieriger ist es. Das erfordert Geduld, Übung und viel Belohnung.

Leckerli – von Putenstreifen bis Leberwurst

Leckerchen geben oder nicht? Eine nicht enden wollende Diskussion rund um ein schmackhaftes Mittelchen zum Zweck. Simone Doepp kann darüber nur schmunzeln. Denn sie weiß: Erfolgreiches Trickdogging hängt von einer guten Belohnung und vom korrekten Timing ab. Ob das ein Spielzeug, sanfte Zuwendung oder eben ein Leckerchen ist, hängt ganz von der Wirkung ab. Manche Hunde bevorzugen das eine, andere wiederum das andere.

Alles in Maßen

Wobei zu viel Begeisterung auch ein Nachteil sein kann. Zum Beispiel dann, wenn das Spielzeug beim Hund eine nahezu unkontrollierbare Spielfreude auslöst. Die meisten Tricks setzen konzentriertes Arbeiten voraus. Ungestüme Spiellust ist hier eher fehl am Platz. Andere Aufgaben, die sich durch viel Action auszeichnen, profitieren teilweise von entfesselter Energie. Ob der eigene Hund angesichts eines Spielzeugs mit besonders beeindruckendem Elan über die Arme seines Trainers springt oder diesen Kick nicht braucht, muss jeder selbst ausprobieren.

Was hingegen fast immer wirkt, ist liebevolle Zuwendung, wenn sie von Herzen kommt. Ein formelles „Fein" hat dabei nicht denselben Effekt wie echte Freude. Je toller der Hund mitarbeitet und je besser das erzielte Ergebnis ist, desto freudiger darf die Bestätigung ausfallen. Party ist angesagt! Mit Jubeln und Tanzen! Wer auf lobendes Tätscheln des Hundekopfes steht, sei gewarnt. Duldsame Hunde nehmen diese gut gemeinte Geste zwar hin, doch auf Gegenliebe stößt sie nicht, wenn der Hund gerade konzentriert ist. Beim Kuscheln auf der Couch kann das anders sein. Streicheln kann aber helfen, einen Hund bei einem ruhigen Trick in die gewünschte Position zu bringen. Ist das Ziel erreicht, gibt es ein Leckerchen als Belohnung.

Etwas ganz Besonderes

Leckerli sollten immer etwas Besonderes sein. Gekochtes oder getrocknetes Fleisch stehen hierbei hoch im Kurs. Egal, ob es sich dabei um Rindfleisch oder Hühnchen handelt: Die Brühe, die beim Kochen entsteht, lässt sich prima über das normale Futter geben. Ein zusätzlicher Bonus nach einem erlebnisreichen Trickdogging-Tag. Simone Doepp trocknet gern Putenstreifen bei 80 Grad Celsius im Backofen und zerteilt sie hinterher in etwa erbsengroße Stücke. Hundewurst vom Fleischer kommt auch infrage, wie z. B. Bockwurst, die jedoch nicht so gesund ist wie getrocknetes Putenfleisch. Auch Käsewürfel bieten eine schmackhafte Alternative. Leberwurst aus der Tube gilt unter Trickdoggern übrigens als absoluter Geheimtipp. Manche befüllen sogar spezielle Tuben mit einer Quark-Thunfisch-Mischung. Und wenn es das normale Futter sein soll, lassen sich Trockenbrocken auch mit einem Schuss Brühe aufpeppen. Viele recht neutral riechende, handelsübliche Leckerchen motivieren nach Simone Doepps Erfahrung nur ausgesprochen verfressene Hunde.

Tricks für Einsteiger

AUCH GEÜBTE TRICKDOGGER greifen gern wieder auf die Aufbautricks zurück, wenn ein neuer Hund hinzukommt oder Kinder beim Trickdogging mitmischen wollen. Zudem dienen die folgenden Tricks oft als Grundlage, auf die sich die anspuchsvolleren Übungen aufbauen.

Sachte anfangen

Warum mit kleinen, einfachen Tricks anfangen, wenn man darauf brennt, gleich richtig loszulegen? Weil sie die Basis bilden, um viele abwechslungsreiche Tricks darauf aufzubauen. Und das liegt vor allem daran, dass die leichten Tricks dazu beitragen, die Beziehung zwischen Mensch und Hund zu festigen. Ohne diese vertrauensvolle Beziehung wird beim Trickdogging keiner große Sprünge machen, denn es basiert nun einmal auf einem innigen Verhältnis zwischen Mensch und Hund. Gerade, wenn es um höchst anspruchsvolle Tricks geht.

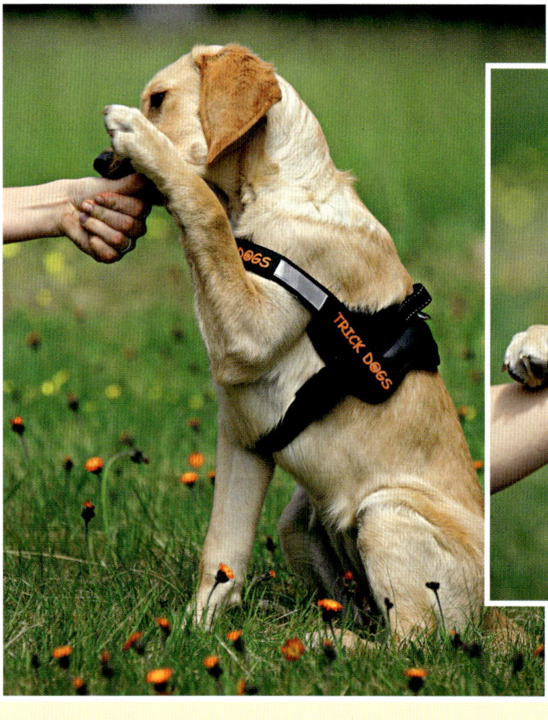

Spielerisch zum tollen Team

Beginnen Sie mit gezielter Beschäftigung und ausgelassenen Spielen, bei denen der Einsatz von Maul, Pfoten, Körper und Stimme schon früh gefördert wird. Sie können natürlich auch quer einsteigen, denn Trickdogs müssen nicht vom Welpenalter an auf Kunststücke geeicht werden. Momentan ist Kreativität gefragt und auch ein bisschen Gelassenheit, denn ehrgeiziges Dauertraining bringt langfristig meist nicht den gewünschten Erfolg. Hund und Trainer sollen schließlich Spaß am Trickdogging haben. Und dieser Spaß beginnt bereits bei der Basisarbeit. Es geht vor allem darum, dass sich der Hund mit seinem Menschen beschäftigt. Dabei soll der Vierbeiner seinen ganzen Körper einsetzen. Je mehr Fähigkeiten er dabei nutzt, desto besser. Gleichzeitig sollte der Trainer herausfinden, woran der Hund besonders viel Freude hat, und diese Elemente bestärken und fördern. Achten Sie dabei auf die körperlichen Möglichkeiten des Vierbeiners. Sollte es gesundheitliche Einschränkungen geben, muss man darauf Rücksicht nehmen. Das Wohlbefinden des Hundes hat immer Vorrang.

Nehmen, Festhalten, Ziehen

Wenn es drei Grundelemente gibt, die später schier unendlich viele Tricks ermöglichen, dann sind es die Übungen Nehmen, Festhalten und Ziehen. Dieses praktische Trio lässt sich mit viel Fantasie variieren und zu verblüffenden Handlungssträngen verknüpfen.

Alles ins Maul nehmen

Ziel des Ganzen ist es, dass der Hund jeden nur erdenklichen Gegenstand auf Wunsch des Trainers hin ins Maul nimmt, ihn festhält und bei Bedarf daran zieht. Auch Körperteile sollten auf ein Signal hin vorsichtig mit dem Maul umfasst und festgehalten werden. Voraussetzung ist eine Beißhemmung des Hundes, die er bereits als Welpe gelernt haben sollte. Kinder sollten diese Übung lieber nicht ausführen und auf andere Tricks ausweichen.

Bewährte Hörzeichen

Als Hörzeichen bieten sich „Nimm", „Halt" oder „Zieh" an. Alternativ gehen auch „Take" fürs Nehmen, „Hold" für das Halten und „Pull" für das Ziehen. Sichtzeichen entfallen bei diesem Teil des Basistrainings. Gesundheitliche Einschränkungen gibt es im Grunde genommen keine. Allerdings besteht bei extremen Zerrspielen die Gefahr einer ungünstigen Wirbelsäulenbelastung. Sollten bereits Wirbelsäulenprobleme bestehen und der Hund gern mit Feuereifer an Gegenständen zerren, verzichten Sie besser auf das Ziehen. Ansonsten sind die Übungen Nehmen, Festhalten und Ziehen für alle Hunde geeignet.
Zur Erinnerung: Nehmen und Festhalten übt man zuerst in reizarmer Umgebung. Der Trainer albert mit einem mäßig interessanten Gegenstand vor dem Hund herum, bis dieser ihn spielerisch ins Maul nimmt. Auch ganz kurzes Festhalten verdient sofort eine Belohnung. Den Zeitraum schrittweise steigern.

Feste ziehen

Nun zum Ziehen. Die meisten Hunde zerren begeistert an Stricken, Kniestrümpfen oder anderen Objekten. Diesen Spieltrieb nutzt der Trainer und verknüpft ihn mit dem Hörzeichen „Zieh". Wichtig: Parallel auch immer wieder „Aus" fordern, damit die Zerrfreude des Hundes kontrollierbar bleibt.

Drehen

Kreiseln ist angesagt, denn mit diesem formschönen Element lassen sich später abwechslungsreiche Bewegungskombinationen knüpfen. Und ein hervorragendes Gehorsamkeitstraining ist das Drehen ebenfalls.

Step 1: Ausgangsstellung

Die Ausgangsposition des Hundes ist direkt vor dem Hundeführer oder seitlich von ihm. Und dort soll er sich auf ein bestimmtes Signal hin im Uhrzeigersinn oder auch andersherum drehen.

Step 2: An der Nase herumgeführt

Um den Hund zum lustigen Drehspiel zu motivieren, nimmt der Trainer ein Leckerchen in die rechte Hand und stellt sich vor, diese Hand sei durch ein unsichtbares Band mit der Nase des Hundes verbunden. Nun das Leckerchen dicht über die Hundenase führen und einen kleinen Kreis beschreiben. Anfangs schon den kleinsten Ansatz einer Drehung belohnen, dann eine halbe Drehung und anschließend die ganze Drehung bestärken. Nach und nach gleich mehrere Drehungen hintereinander fordern und den Hund nach erfolgreichem „Kreiseln" ausgiebig belohnen.

Step 3: Und andersrum

Klappt all das in eine Richtung, kommt die andere Seite an die Reihe. Jetzt den Ablauf genauso wiederholen wie beim ersten Mal, nur das Leckerchen anders herum führen. Wichtig: Drehungen mit dem Uhrzeigersinn und Drehungen in die andere Richtung sind zwei unterschiedliche Aufgaben, die verschiedene Signale erfordern. Also vorübergehend auch beide Übungen getrennt voneinander üben, damit der Hund den Unterschied begreift. Zumindest so lange, bis beide Richtungen gleichermaßen flüssig und zuverlässig funktionieren. Später sollten durchaus auch beide Drehungen in Kombination gezeigt werden.

Step 4: Let's twist again

Als Hörzeichen für die Drehung im Uhrzeigersinn nimmt Simone Doepp gern „Twist“. Die andere Drehrichtung leitet sie mit einem aufmunternden „Dreh dich“ ein. Eine akustische Lösung, bei der keine Verwechslungsgefahr besteht. Auch Sichtzeichen sind möglich: Der Finger des Trainers beschreibt in der Luft einen für den Hund gut sichtbaren Kreis und gibt so die aktuelle Drehrichtung vor.

Ein bisschen Gymnastik

Da Drehungen mit einer Längsbiegung der Wirbelsäule einhergehen, sollten Hunde mit Wirbelsäulenproblemen auf andere Tricks ausweichen oder – falls möglich – maximal einen ganz großen Kreis beschreiben. Bei gesunden Hunden dient das Drehen hingegen sogar der Gymnastizierung der Wirbelsäule und stärkt die Rückenmuskulatur. Außerdem sind Drehungen eine ausgezeichnete Koordinationsschulung. Besonders für die Körperseite, die etwas unbeweglicher als die andere ist. Denn auch Hunde haben eine Schokoladenseite, genau wie Menschen. Drehungen dürfen übrigens auch schon spielerisch mit Welpen geübt werden.

Rückwärts gehen

Manchmal bedeutet ein Schritt rückwärts gleichzeitig einen Schritt nach vorn. Beim Trickdogging ist das der Fall. Denn Hunde, die auf Signal hin eine bestimmte Strecke rückwärts gehen, haben gleichzeitig einen großen Fortschritt innerhalb der Trickdog-Ausbildung gemacht.

Variante 1: Wohin geht das Leckerli?

Bei dieser Übung steht der Hund anfangs direkt vor dem Hundeführer. Beide blicken sich an. Auf ein bestimmtes Signal hin entfernt sich der Vierbeiner rückwärts laufend von ihm. Es gibt mehrere Wege, die recht zuverlässig zum Trainingsziel führen. Bei der ersten Variante versteckt der Trainer ein Leckerchen in seiner rechten Hand, indem er es mithilfe des Daumens von unten gegen die Handfläche drückt. Nun führt er die Hand in Richtung Brustbein des Hundes. Macht der nun spontan einen Schritt zurück, wird er sofort belohnt. Allerdings nicht aus der Hand, da der Hund lernen soll, sich vom Menschen zu entfernen. Am besten wirft man das Leckerchen als Bestärkung zum Hund hin.

Variante 2: Gegenverkehr!

Die zweite Übungsmöglichkeit beginnt mit derselben Ausgangsposition. Dann macht der Trainer einen Schritt auf den Hund zu. Weicht der Hund nun einen oder sogar gleich mehrere Schritte zurück, wird er sofort belohnt. Wichtig: Diese Variante ist nur bei selbstbewussten Trickdogs empfehlenswert. Unsichere Vierbeiner empfinden die Körpersprache des Trainers in dieser Situation schnell als bedrohlich. Eine gute Bindung an den Hundeführer ist ebenfalls wichtig.

Variante 3: Freies Formen

Sollten weder die erste noch die zweite Übungsvariante Anklang finden, gibt es eine dritte – die des freien Formens. Und das funktioniert so: Der Trainer nimmt ein Leckerchen in die Hand und wartet einfach ab. Die meisten Hunde setzen sich nun früher oder später hin. Darauf reagiert der Hundeführer nicht. Er wartet vielmehr, bis das Ganze dem Hund zu langweilig wird und er beginnt, seinen Trainer kurz zu bedrängen. Auch das wird ignoriert. Viele Hunde gehen nun ganz von allein einige Schritte rückwärts, woraufhin sofort ein Leckerchen als Bestärkung geflogen kommt. Wichtig: Unbedingt alle anderen Versuche, die der Kaperung des Leckerlis gelten, konsequent ignorieren.

Gerade bleiben

Nun zur Feinarbeit: In der Regel scheren Hunde beim Rückwärtslaufen zu einer Seite hin aus. Das lässt sich korrigieren, indem anfangs entlang eines Zauns, einer Mauer oder Wand geübt wird. Auf diese Weise lernt der Hund, ganz gerade rückwärts zu laufen und später auch ohne dieses Hilfsmittel auf der Spur zu bleiben.

„Back" oder „zurück"

Als Hörzeichen bietet sich „Back", „Zurück" oder „Zu" an. Ein erhobener rechter Zeigefinger, der mehrfach vom Körper des Trainers weg auf den Hund zubewegt wird, eignet sich als Sichtzeichen. Rückwärtsgehen ist eine hervorragende Koordinationsschulung für den ganzen Körper, setzt aber einen gesunden Bewegungsapparat voraus. Wirbelsäule und Gelenke werden bei der Rückwärtsbewegung deutlich mehr beansprucht als beim Vorwärts. Das Gute: Die Rückenmuskulatur kommt bei dieser Übung richtig in Gang.

Kopf ablegen

Dieser Trick steht auf der Hitliste der Filmbranche ganz weit oben. Ein Hund, der mit dem Kopf flach auf dem Boden aufliegt und dazu betroffen, genervt oder lustig in die Gegend schaut – das ist ein Idealmotiv für Spielfilme und Werbespots. Grund genug, diese Basisübung des Trickdoggings gründlich einzustudieren.

Step 1: Kopf runter!

Köpfchen braucht man schon für diesen Trick. Denn genau den soll der Hund auf ein Signal hin ablegen. Das klingt einfach, entpuppt sich jedoch schnell als echte Herausforderung. Was anfangs hilft, ist ein Tisch oder ein Hocker. Notfalls reicht auch der Schoß des Trainers. Der Hund steht direkt vor der Auflagefläche und wird mit einem Leckerchen dazu motiviert, seinen Kopf darauf abzulegen. Gelingt das, erfolgt sofort eine Bestärkung. Alternativ streichelt Simone Doepp den Kopf des Trickdogging-Debütanten so lange, bis ihn der Hund spontan ablegt. Auch jetzt umgehend mit einem Leckerchen bestärken. In der ersten Zeit genügt eine Sekunde des Kopfablegens, um eine Bestärkung zu bewirken. Nach und nach verlängert sich diese Zeit. Dabei in ganz kleinen Schritten vorgehen.

Step 2: Mit Vertrauen

Simone Doepp verwendet für diesen Trick das Hörzeichen „Kopf" oder „Head". Als Sichtzeichen dient eine flach ausgestreckte Hand, die in Richtung Boden weist. Eigentlich erinnert dieses Signal an das Zeichen für „Platz", allerdings senkt sie die Handfläche nun weitaus tiefer ab. Das ermöglicht dem Hund, den Unterschied zu erkennen, und ist außerdem eine hervorragende Vertrauensübung, weil sich durch das Absenken des Blicks das Sichtfeld des Hundes einschränkt. Der Einsatz des ganzen Kopfes ist eine gute Übung, bietet die Basis für viele weitere Tricks und ist durchaus auch für junge Hunde geeignet.

Step 3: Kopf hoch!

Dieses Kunststück lässt sich noch erweitern, indem das erneute Anheben des Kopfes auf Signal hin erfolgt. Meistens reicht es aus, sich ganz bewusst groß zu machen oder das eigene Gesicht aus dem Blickfeld des Hundes zu nehmen. Erfolgt das dezent genug, bleibt der Hund liegen, während er mit dem Kopf aufmerksam die Bewegungen des Trainers verfolgt. Auch das sollte mit einem bestimmten Signal verknüpft und ausgiebig belohnt werden. Denn dieses simple, aber effektvolle Element lässt sich zum Beispiel prima bei Fotoshootings einsetzen.

Beinslalom vorwärts

Der schwungvolle Slalom-Parcours ist seit der Dog-Dancing-Welle recht populär, doch auch für Tickdogger gehört er zum Pflichtprogramm. Beim Beinslalom vorwärts schlängelt sich der Hund durch die Beine des Trainers, der sich dabei selbst vorwärts bewegt. Wie schnell der Hundeführer dabei läuft, hängt vom Ausbildungsstand des Hundes und seinem Geschick ab.

Step 1: Leckerchen und los!

Wie wird's gemacht? Einfach beide Hände mit Leckerchen bestücken und den Hund neben dem linken Bein absetzen. Nun das rechte Bein nach vorn bewegen und die rechte Leckerchenhand vor das nun entstehende Tor führen.

Step 2: Ein Bein vors andere

Anschließend wird das linke Bein nach vorn gesetzt und die linke Leckerchenhand davor geführt. Zu Beginn wird jede einzelne Seite nach erfolgreicher Durchquerung bestärkt, und wenn es tadellos klappt, bekommt der Hund nach gelungener Kombination seine Belohnung.

Step 3: Im Zickzack!

Als Nächstes steht die Einführung der Hörzeichen an. „Zick" läutet den Wechsel von links nach rechts ein, „Zack" den von rechts nach links. Wer mit Sichtzeichen arbeiten möchte, weist anfangs mit dem rechten oder linken Zeigefinger den Weg in das geöffnete Beintor. Später sollte das Vorsetzen des Beins als Sichtzeichen reichen. Oft genügt sogar ein minimaler Hüftschwung, um das Schlängeln einzuleiten.

Gute Gymnastik

Warum liegt Simone Doepp gerade dieser Trick so am Herzen? Weil der Beinslalom eine hervorragende Gymnastizierung und Aufwärmübung für anspruchsvollere Tricks ist. Zudem fördert er die Beweglichkeit der Wirbelsäule, wenn der Hund gesund ist. Gibt es Probleme mit dem Bewegungsapparat, sollte man höchstens mit großen Schritten arbeiten, damit sich der Hund nicht zu eng biegen muss. Man kann auch mit dem Bein in der Luft verharren, damit der Hund nur leicht hindurch schlängelt. Allerdings erfordert das wiederum Yogaqualitäten beim Zweibeiner.

Leg' Achter

Vermutlich war es eine maritime Stimmung, die Trickdoggerin Lisa Buhs und Mac dazu verführte, den „Leg' Achter"-Trick zu erfinden. Allerdings hantieren Hund und Trainer dabei nicht mit einem Tau und spinnen Seemannsgarn. Es geht vielmehr darum, auf flinken Pfoten eine Acht rund um die Beine des Ausbilders zu drehen.

Step 1: Slalom als Basis

Wer zuvor seine Slalomhausaufgaben gründlich absolviert hat, profitiert nun davon. Denn der Trick „Leg' Achter" baut sich aus Elementen des Slalomlaufes auf. Um ihn einzuleiten, nimmt der Trainer gute Leckerchen in beide Hände.

Step 2: Grundstellung

Nun stellt sich der Trickdogger mit gegrätschten Beinen auf und lässt den Hund an seiner linken Seite wahlweise sitzen oder stehen. Dabei übt man zuerst in einer reizarmen Umgebung.

Step 3: Ums Knie herum

Jetzt winkelt der Ausbilder sein rechtes Knie an und lockt den Hund mithilfe eines Leckerchens von vorn durch die Beine hindurch, immer um den Mittelpunkt, das Knie, herum.

Step 4: Hör- und Sichtzeichen

Das ist ein guter Zeitpunkt, um bereits das Hörzeichen einzuführen. Lisa Buhs verwendet für diesen Trick ein simples Signal: das Knie. Es wird leicht bewegt und der Hund lernt, auf Hör- und Sichtzeichen zu reagieren. Dieser Trick ist ausgesprochen gut für Sichtzeichen geeignet. Also, locken, Sichtzeichen geben und den aktivsten Moment des Hundes punktgenau bestärken. Dabei sollte er sich auf jeden Fall zwischen den Beinen des Trainers befinden.

Step 5: Und nun das andere Bein

Der nächste Schritt besteht darin, das linke Knie anzuwinkeln. Nun ist es die linke Leckerchenhand, die den Hund von hinten durch die Beine lockt. Jetzt bewegt der Trainer das andere Knie und bestärkt ebenfalls den aktivsten Moment, den der Hund zeigt, während er sich zwischen den Beinen des Ausbilders befindet.

Step 6: Achterbahn

Mit der Zeit versteht der Hund, worum es bei diesem Trick geht und wird den Slalomkurs immer flüssiger gestalten. Das ermöglicht dem Trainer, die Hände fortan etwas höher zu nehmen, was bequemer ist und professioneller aussieht. Ziel ist es, letztendlich gerade stehen zu bleiben, während der Hund Achten durch die Beine dreht. Dieser Trick ist eine ausgezeichnete Gymnastikübung und ohne Einschränkungen für jeden Hund geeignet.

Zappel-philipps Feuerprobe

Könnte es eine charmantere Ablage geben als ein treu ergeben blinzelnder Hund? Wohl kaum. Und wenn der dann noch völlig cool Handys, Taschentuchpackungen oder ein witziges Stofftier auf dem Kopf balanciert, ist die Begeisterung der Zuschauer gewiss. Dieser Trick birgt gleich zwei Herausforderungen: Zum einen muss der Hund stillhalten, während ihm ein vielleicht durchaus interessantes Objekt auf den Kopf gelegt wird, zum anderen darf es auch nicht hinunterfallen. Simone Doepp und Mayday zeigen, wie's geht.

Step 1: In der Ruhe liegt die Kraft

Dieser Trick ist das sichere Ende jedes Zappelphilipps. Denn selbst der nervöseste Hund lernt schnell, dass er diese Aufgabe nur mit Ruhe lösen kann. Um die Sache zu vereinfachen, erfolgt das Training erst in reizarmer Umgebung. Nach und nach kommen mehr Ablenkungen ins Spiel.

Step 2: Flach wie eine Flunder

„Platz" sollte der Hund bereits sicher beherrschen, bevor es an diesen Trick geht. Sobald der Vierbeiner bequem daliegt, platziert der Trainer einen Gegenstand auf seinem Kopf. Anfangs lediglich eine Sekunde lang. Dann das Signal auflösen, damit der Hund lernt, dass der Trainer den Trick beendet. Anschließend sofort ausgiebig belohnen. Optional kann man den Trick auch mit abgelegtem Kopf durchführen.

Step 3: Ausbalancieren

Nun soll der Hund ein eigenes Interesse daran entwickeln, das Hinunterfallen des Gegenstands zu verhindern. Das geschieht mithilfe der Leckerchen und ermöglicht, die Verweildauer des Objekts auf dem Hundekopf allmählich zu steigern.

Step 4: Immer neue Gegenstände

Häufiges Variieren der Gegenstände erhöht die Akzeptanz des Hundes. Dabei auf unterschiedliche Materialien und Gewichtsklassen achten, aber allzu hohe Herausforderungen meiden. Bei Rückschlägen einfach noch mal von vorn beginnen und den Trick neu aufbauen. Oft ist der Trainer zu ungeduldig, und das wirft den Hund zurück.

Step 5: Mit Hörzeichen

Nicht vergessen, die Hörzeichen festzulegen. Zum Beispiel „Platz" fürs Ablegen, „Kopf" fürs Kopfabsenken und „Stillhalten" für jede Menge Ausdauer beim Balanceakt. Zappelphilipps Feuerprobe ist ein prima Trick für alle Hunde, vom Welpen bis zum Senior.

Pfötchen geben

Zugegeben, es ist der Klassiker im Trickdogging. „Gib Pfötchen!" – und schon hebt der treue Vierbeiner brav ein Vorderbein und legt seine Pfote vertrauensvoll in die Hand des Menschen. So weit zum äußeren Schein. Tatsächlich steckt aber vielmehr dahinter, weshalb diese Übung auch zum Trickdogging gehört.

Step 1: Verstecktes Leckerchen

Doch erst mal zum korrekten Trainingsaufbau. Nehmen Sie ein Leckerchen in die Hand, schließen Sie diese zur Faust und halten Sie sie dem Hund hin. Der versucht nun in der Regel, an den duftenden Leckerbissen heranzukommen. Jetzt ist eine genaue Beobachtungsgabe gefragt und ein schnelles Reaktionsvermögen.

Step 2: Pfote hoch!

Sobald Bewegung in ein Vorderbein kommt, öffnet sich sofort die Faust und gibt den Leckerbissen frei. Dabei gilt folgende Regel: Die rechte Faust bestärkt das linke Vorderbein, die linke Faust das rechte Vorderbein.

Step 3: Gewicht verlagern

Manchmal bewegt der Hund jedoch gar keine Pfote. Dann hilft folgender Kniff: Man bewegt die Faust mit dem Leckerchen auf das Brustbein des Hundes zu und hält sie dabei leicht seitlich. Dadurch verlagert der Hund sein Körpergewicht und entlastet eine Pfote. Diese wird er nun viel leichter anheben. Eine gute Chance, ihn im richtigen Moment zu bestärken. Jetzt heißt es, besonders schnell mit der Belohnung sein, damit der Hund versteht, worum es geht. Ist das Leckerchen gut, lernt er ruckzuck.

Step 4: „Pfötchen“ und „Andere“

Simone Doepp verzichtet übrigens auf das altbekannte Hörzeichen „Pfötchen geben“. Sie sagt „Pfötchen“, um das linke Bein zu aktivieren und „Andere“, um das rechte in luftige Höhen zu befördern. Alternativ kann der Hundeführer die rechte Faust für das linke Bein erheben und die linke Faust für das rechte. Das Schöne an dieser sinnvollen Basisübung ist, dass sie jeder Hund – vom Welpen bis ins Seniorenalter – ausführen kann. Sie schult das Gleichgewicht und trainiert die Beweglichkeit der Ellenbogen. Außerdem lernt der Hund, gezielt seine Vorderbeine einzusetzen.

Step 5: „High Five“

Als aufbauende Übung bietet sich das „High Five“ an. Dazu hält der Trainer die Leckerchenfaust nun einfach etwas höher. Streckt der Hund jetzt die Vorderpfote hoch, um die Faust zu erreichen, ist der Trick praktisch schon gemeistert. Nun fehlt lediglich die Umschulung von der Faust auf die flache Hand. Dafür die Faust schrittweise immer etwas weiter öffnen und gleichzeitig viel belohnen. Die Kombination aus Hör- und Sichtzeichen signalisiert dem Hund mit zunehmender Übung, dass er seine Pfote in die geöffnete Hand legen soll. Und genau das lässt sich später auch noch zum „High 10“ steigern, bei dem beide Hundepfoten auf die Handflächen des Trainers treffen. Das Hörzeichen für die rechte Pfote lautet „High“, das für die linke „Five“. Die geöffnete linke oder rechte Hand übernimmt die Funktion der Sichtzeichen.

Step 6: Und Winken!

Und schließlich lässt sich auch das Winken auf dieser Basis entwickeln. Es wird aufgebaut, indem der Trainer die Leckerchenfaust allmählich etwas weiter von der Pfote entfernt. Schließlich fehlt nur noch ein knapper Zentimeter, um sie zu erreichen. Jetzt erfolgt eine Bestärkung. Die Faust öffnet sich zum Winken und es gibt ein Leckerchen, das der Trainer dem Hund zuwirft. Mit der Zeit versteht der Hund, dass es eine Belohnung gibt, wenn der Mensch winkt und die Pfote dabei nicht die Hand berührt. Wichtig: Auf beiden Seiten trainieren, um eine ausgewogene Muskelbelastung zu wahren. Das Hörzeichen für die rechte Pfote lautet bei diesem Trick „Winken“, das für die linke „Tschüss“.

Shake it!

Ein Beutestück packen und es kräftig durchschütteln – das ist ganz nach Hundegeschmack. Deshalb ist der Trick „Shake it!“ bei vielen Trickdogs außerordentlich beliebt. Und: Er bringt nicht nur Spaß, sondern zeigt auch, ob zwischen Hund und Halter klare Regeln herrschen.

Step 1: Zerren, was das Zeug hält

Zerrspiele sind die beste Vorbereitung für diesen Trick. Spielzeuge, Taue und auch Decken eignen sich bestens dazu. Also, ein Ende gepackt und mit dem Hund um die Wette gezogen. Aber es gibt noch eine Voraussetzung für den späteren Trickerfolg. Der Hund muss das Spielzeug auf Signal hin sofort auslassen. Ab und zu darf er es natürlich behalten, und dann wird er es schütteln, als Zeichen seines Sieges. Der individuelle Ausbildungsstand des Hundes sollte dabei ebenso berücksichtigt werden wie seine Persönlichkeit. Ein Zerrspiel zu gewinnen kann bei einem aufbrausenden Wesen nachteilig sein, bei einem sensiblen Hund wiederum gut.

Step 2: Schüttel die Beute

Das Schütteln der Beute ist genau der Moment, den der Trainer abpasst, um das Hörzeichen „Shake it!" einzuführen. Trainieren Sie zusätzlich das Signal „Aus", am besten mit einem Leckerli-Tauschgeschäft. „Aus" sagen und dem Hund dabei ein Leckerchen vor die Nase halten. Sofort ins Maul schieben, wenn er das Beutestück freigibt. Ausnahme: Das Hörzeichen „Aus" ist schon für einen anderen Trick belegt. Dann ein neues Signal einführen. Zum Beispiel: „Out".

Step 3: Decke ausschütteln

Nun legt der Trainer die Beutedecke auf den Boden. Er führt den Hund dorthin, regt jedoch kein Zerrspiel an. Stattdessen sagt er „Shake". War die Vorbereitung erfolgreich, versteht der Hund, was gemeint ist. Er greift die Decke und schüttelt sie. Bestärkung nicht vergessen!

Step 4: Geh zur Decke

Als nächstes soll der Hund auf Signal hin selbst zur am Boden liegenden Decke gehen und sie kräftig durchschütteln. Nun geht es wum Eigenständigkeit, die jedoch kontrollierbar bleiben muss.

Step 5: Bitte kontrolliert

Zwischendurch immer wieder „Aus" üben, damit das Temperament des Hundes auch bei Erregung kontrollierbar bleibt. Oft gibt es hierbei mehr Schwierigkeiten als beim Befolgen des Hörzeichens „Shake". Wichtig: Hunde, die dazu neigen, Spielzeuge oder Futter zu verteidigen, sollten erst dann diesen Trick üben, wenn die alltäglichen Verhaltensweisen normalisiert sind.

Blickrichtung

Neugierde und ein reges Interesse an der Umwelt signalisiert der Hund bei diesem Trick. Er sitzt dabei direkt vor dem Hundeführer und blickt auf Signal hin in vier verschiedene Richtungen. Die Schwierigkeit besteht darin, die Blickrichtung präzise zu bestimmen. Mal schweifen die Augen nach oben oder unten, mal nach rechts oder nach links. Das lässt sich noch steigern, indem Details wie „oben links“ oder „unten rechts“ hinzukommen. Fantasie ist durchaus erlaubt.

Step 1: Über freies Formen

Freies Formen kommt hier übrigens durchaus als Trainingshilfe infrage. Der Trainer wartet geduldig ab, bis der Hund von selbst den Kopf abwendet. Genau diesen Moment bestärkt er. Nach einigen erfolgreichen Wiederholungen erfolgt die Kombination mit einem bestimmten Signal.

Step 2: Mit Hilfsperson

Eine weitere Möglichkeit besteht darin, mit einer Hilfsperson zu trainieren. Auch diesmal sitzt der Hund frontal vor dem Hundeführer. Der Helfer postiert sich in einiger Entfernung. Sobald der Hund den Hundeführer anblickt, macht die Hilfsperson ein lustiges Geräusch, das die Aufmerksamkeit des Vierbeiners weckt und ihn dazu bringt, den Kopf zum Helfer zu drehen. Genau in diesem Moment erfolgt die Bestärkung. Manchmal ist es auch möglich, parallel zum ungewöhnlichen Geräusch bereits das Hörzeichen für diesen Trick festzulegen. Trainieren Sie jede Blickrichtung einzeln und fragen Sie alle Übungsschritte bis zum Ende ab. Wenn alles klappt, kommt die nächste Blickrichtung an die Reihe, denn sonst kommen die Hunde schnell durcheinander.

Step 3: Leckerchen im Visier

Damit der Hund nach unten schaut, legt der Trainer das Leckerchen auf den Boden und hält dabei Blickkontakt zum Vierbeiner. Dann fordert er den Hund auf, das Leckerli anzusehen, allerdings darf er es noch nicht verputzen. Bestärken Sie diesen Moment und loben Sie den Hund ausgiebig. Danach darf er das Leckerchen verspeisen.

Step 4: Das Kind beim Namen nennen

„Links", „Rechts", „Oben" und „Unten" bieten sich als Hörzeichen für diese Übung an. Sind sie schon durch andere Tricks belegt, können Sie stattdessen auch „Left", „Right", „Up" und „Down" verwenden. Das Sichtzeichen erinnert an einen Tramper am Straßenrand: Die Hand ist zur Faust geschlossen, nur der Daumen bleibt ausgestreckt und weist in die Richtung, in die der Hund blicken soll.
Eine gesunde Wirbelsäule ist Voraussetzung für diesen Trick. Besonders im Bereich der Halswirbel darf kein gesundheitliches Problem vorliegen. Für gesunde Hunde ist das Abfragen verschiedener Blickrichtungen sogar eine ausgezeichnete Dehnübung, die auf körperlich anspruchsvollen Sport vorbereitet.

Robben

Es sieht schon lustig aus, wenn ein Hund bäuchlings auf dem Boden liegt und wie ein Seehund vorwärts robbt. Trickdoggerin Lisa Buhs stellt sich dabei immer vor, den Hund mit einem unsichtbaren Leckerchenband vorwärts zu ziehen.

Step 1: Kriechen

Anfangs sollte man den Hund nur wenige Zentimeter weit robben lassen. Der Trick ist anspruchsvoll und zu viel Ehrgeiz demotiviert möglicherweise den Hund. Viel wichtiger als eine eindrucksvolle Strecke ist eine gute Beobachtungsgabe. Denn manche Vierbeiner laufen mit extrem angewinkelten Beinen vorwärts, was nicht gefragt ist. Kriechen ist angesagt, und nur das verdient eine Belohnung.

Step 2: Kleine Kniffe

Schwierig? Dann helfen bestimmt Simone Doepps Insidertipps: Sie nimmt bei schwierigen Kandidaten einfach einen Stuhl oder einen kleinen Tisch zur Hilfe. Ist kein geeignetes Mobiliar zur Hand, setzt sich der Trainer sportlich auf den Boden, winkelt sein Knie an und formt so eine Art Tunnel, durch den der Hund kriecht. Das Leckerchen wirft er zur Bestärkung aus geringer Distanz. Dadurch löst sich der Hund später, wenn die Signale auf Distanz erfolgen, besser von der Hand.

Step 3: Robben

„Robben“ oder „Kriech“ lautet das Hörzeichen für diesen Trick. Als Sichtzeichen dienen der Zeige- und Mittelfinger der rechten Hand, die sich abwechselnd auf und ab bewegen.
Robben ist nur für gesunde Hunde geeignet, weil Störungen des Bewegungsapparats durch die ungewöhnliche Kriechbewegung verschlimmert werden könnten. Das gilt auch für die abgewandelte Form des Robbens. Die basiert auf der natürlichen Neigung mancher Hunde, eine Froschposition einzunehmen. Und nur mit ihnen sollte man diesen Trick auch einstudieren. Die Hinterbeine sind dabei – wie bei einem schwimmenden Frosch – nach hinten abgewinkelt. Die meisten Hunde zeigen diese Körperhaltung im Liegen. Das verdient bereits eine Bestärkung. Doch beim Trickdogging ist noch etwas mehr Einsatz gefragt. Der Hund soll in der Froschposition liegend vorwärts kriechen.

Step 4: Mach mir den Frosch!

Simone Doepp rät dazu, erst das Robben sicher anzutrainieren und dann den Frosch hinzuzunehmen. Logisch, denn beim Robben gibt es eine Phase, in der sich der Hund ganz automatisch in einer Froschposition befindet. Die wird abgepasst, bestärkt und mit dem Hörzeichen „Frosch“ kombiniert. Wichtig: Exakt den Moment des Verharrens belohnen.
Als Sichtzeichen kommt wieder die rechte Hand zum Einsatz. Der rechte Zeige- und Mittelfinger bewegen sich abwechselnd auf und ab, während sich die anderen Finger zur Faust schließen. Sowohl das Robben als auch der Frosch sind hervorragende Dehn- und Koordinationsübungen für gesunde Hunde.

Schlecker-näschen

Fröhliches Lachen ist gewiss, wenn jemand beobachtet, wie sich Hund und Mensch fast spiegelbildlich über die Lippen beziehungsweise die Nase schlecken. Nicht gegenseitig, versteht sich, sondern jeder schön für sich. So wie Trickdoggerin Stefanie Gerbracht mit Amy. Die beiden haben einen Riesenspaß daran.

Step 1: Mund wässrig machen

Freies Formen steckt hinter diesem lustigen Trick, bei dem der Hund mit seiner Zunge vorwitzig über die eigene Nase leckt. Um das zu erreichen, nimmt der Trainer einige besonders verführerische Leckerchen zur Hand und zeigt sie dem Hund.

Step 2: Lefzen lecken

Wenn es gute Leckerli sind, regt sich beim Vierbeiner nun fraglos Appetit. Er leckt sich mit Sicherheit in diesem Moment genüsslich über die Nase, wie es Hunde machen, wenn sie etwas Köstliches wittern. Sobald die Zunge vorschnellt, umgehend bestärken. Da dieser Ablauf wirklich blitzschnell ist, erweist sich in diesem Fall ein Clicker als hilfreich.

Step 3: Zunge rausstrecken

„Zunge" ist das passende Hörzeichen für diesen pfiffigen Trick. Aber was noch viel effektvoller ist: Als Sichtzeichen leckt sich der Hundeführer selbst über die Lippen. Dieser überaus witzige Gag funktioniert tatsächlich. Das fröhliche Nasenschlecken ist ein Trick für jeden Hund – keine Einschränkungen.

Schmöker-stunde

Wer schmökert nicht gern in einem alten Familienalbum? Trickdogs sind da keine Ausnahme. Allerdings interessieren sie sich mehr für das anschließend folgende Leckerchen als für Texte und Fotos. Ein Kunststück, das ein hohes Maß an Konzentration und die Bereitschaft zum selbstständigen Arbeiten voraussetzt.

Step 1: Lieblingsalben

Dieses Kunststück kann jeder Hund lernen. Das Größenverhältnis zwischen Fotoalbum und Vierbeiner sollte jedoch aufeinander abgestimmt sein. Chihuahuas sind besser mit einem postkartengroßen Album bedient. Mittelgroße Hunde kommen bestens mit einem Fotoalbum zurecht, in das pro Seite drei bis vier Papierbilder passen. Es ist wichtig, dass die Seiten des Fotoalbums möglichst stabil sind.

Step 2: Rutschfest anbringen

Hunde mit viel Temperament neigen dazu, das Buch mit der Nase wegzuschieben. Das lässt sich so verhindern: Das Fotoalbum auf eine Holzplatte kleben und auf eine rutschfeste Gummimatte legen. Wenn die Holzplatte größer als das Album ist, stellt sich der Hund

beim Umblättern der Seiten mit den Vorderpfoten darauf – kein Wegrutschen mehr. Alternative: Eine Plexiglasscheibe nehmen und die letzte Seite des Buchs beschweren oder festkleben.

Step 3: Im Liegen lesen

Es gibt noch einen Trick, der stürmische Hunde bremst: Sie sollen die Übung im Liegen ausführen. Einfach das Hörzeichen „Platz" geben und darauf achten, dass der Hund dabei nah genug am Fotoalbum liegt. Dann kann die Suche nach den im Album versteckten Leckerbissen starten.

Step 4: Appetitanregend

Um den Hund zum Durchblättern des Albums zu animieren, wird es zuvor präpariert. Anfangs große Leckerchen nehmen, damit diese wie ein Abstandhalter wirken. So kann der Hund seine Nase problemlos zwischen die Seiten stecken. Die Leckerchen werden mit Klebeband am Fotoalbum befestigt. Die Größe des Abstands sollte anfangs in etwa der Dicke der Hundenase entsprechen.

Step 5: Seitenweise Leckerchen

Nun greift der Trainer ein, sobald der Hund eine Seite umblättert. Das Leckerchen herausnehmen und dem Hund geben, damit er lernt, dass die Belohnung nun beim Trainer zu finden ist. Dann werden die Leckerchen durch in Scheibchen geschnittene Weinkorken ersetzt. Jetzt kommt es auf gutes Timing an: Erst umblättern, dann bestärken. Zuerst erhält der Hund nach jeder einzelnen Seite ein Leckerchen. Dann nur noch nach jeder zweiten Seite. Bis es nur noch zum Schluss eine Belohnung gibt.

Zählen & Rechnen

Gib Laut! Das beherrschen viele Hunde und sie machen es ausgesprochen gern. Doch bei Trickdoggern hat dieser Klassiker längst eine verblüffende Wendung genommen. Sie kombinieren das Bellen auf Signal tatsächlich mit Zähl- und Rechenaufgaben. Für das Publikum sieht das nach einiger Übung so aus, als könne der Hund sogar rechnen oder zählen.

Step 1: Gib Laut!

Als Erstes wird das „Gib Laut“ aufgefrischt. Dazu bindet man den Hund entweder an der Leine an oder lässt ihn von einem Helfer festhalten. Dann hält der Trainer ihm ein Leckerchen oder Spielzeug entgegen, was sicherlich über kurz oder lang eine Lautäußerung provoziert. Schon der kleinste Ton wird sofort belohnt. Bellt er fordernd, hagelt es Belohnungsleckerchen. Wichtig: Der Hund darf dieses Verhalten nur auf das Hörzeichen „Gib Laut“ hin zeigen. Ansonsten zieht man sich einen fordernden Kläffer heran.

Step 2: Richtig gerechnet

Und so verläuft die Show im Detail: Der Trainer stellt dem Hund eine Rechenaufgabe. Zum Beispiel: Wie viel macht drei plus drei? Der Vierbeiner ahnt es natürlich und bellt brav sechsmal. Der gute alte Trick, mit dem schon das Pferd „Der kluge Hans" einst für verdutzte Gesichter und viel Applaus sorgte, funktioniert noch immer. Aber wie bloß? Was den klugen Hans angeht, gilt das Phänomen bis heute als ungeklärt, aber zumindest lassen sich die Trickdogger in die Karten schauen.

Step 3: Ein freundliches Gesicht

Die wichtigste Voraussetzung für diesen Trick ist das ganz normale „Gib Laut". Die nächste besteht darin, dem Hund beizubringen, ein für das Publikum unsichtbares Signal richtig zu deuten. In der Regel reicht eine Veränderung des Gesichtsausdrucks oder der Körperhaltung. Ein fordernder Gesichtsausdruck bedeutet „Gib Laut". Damit sich der Hund das einprägt, muss dieser Gesichtsausdruck möglichst oft parallel zum altbekannten Hörzeichen gezeigt werden. In der ersten Zeit wird auch einmaliges Bellen sofort bestärkt. Nach und nach steigert man die Wiederholungen des Bellens, bevor es ein Leckerli gibt. Um das Bellen zu stoppen, setzt der Trainer einen freundlichen, offenen Gesichtsausdruck auf. Sofort bestärken, wenn es klappt. Jetzt muss nur sichergestellt sein, dass der Trainer selbst das korrekte Ergebnis ermittelt. Ansonsten führt er den Hund womöglich in die Irre.

Das Hörzeichen entfällt bei diesem Trick. Sichtzeichen werden ausschließlich über die Gesichtsmimik gegeben.

Hunde mit Luftröhrenproblemen oder Husten, der durch Herzprobleme bedingt ist, sollten diese Übung nicht machen. Ansonsten gibt es keine Einschränkungen. Auch Welpen können hier schon kräftig mitmischen und haben jede Menge Spaß daran.

Langsam laufen

Abrufen lassen sollte sich jeder Hund, in jeder nur erdenklichen Situation. Für erfahrene Trickdogger ist das Standard. Und natürlich setzen sie wieder einen drauf: Bei ihnen soll sich der Vierbeiner im Zeitlupentempo annähern.

Step 1: Zeitverzögert

Um „Komm" zu verlangsamen, verändert der Trainer seine Körperhaltung. Er beugt den Oberkörper nach vorn und ruft den Hund mit ernster, wenig amüsierter Stimme. Der Vierbeiner, der es sicherlich gewöhnt ist, ansonsten einer freudigen Einladung zu folgen, stutzt angesichts dieser veränderten Situation. Dieser Moment des Zögerns gehört belohnt. Nun ist Party angesagt.

Step 2: Bei Fuß in unterschiedlichem Tempo

Ein anderer Weg zum Ziel ist, den Hund bei Fuß laufen zu lassen und dabei das Tempo zu variieren. In diesem Fall vor allem, es zu verlangsamen. Ausgiebiges Belohnen und Bestärken führen in der Regel recht schnell zum Erfolg.

Step 3: Slow down

Anschließend wird das Hörzeichen „Slow“ oder „Langsam“ eingeführt. Beim Abrufen aus kurzer Distanz muss er seine Feuerprobe bestehen. Zwei Meter Abstand reichen anfangs aus. Erst nach und nach wird die Distanz erhöht. Bei manchen Hunden wirkt es, wenn die Handflächen des Trainers wie zum Bremsen nach vorn bewegt werden.

Gesundheitlich gibt es für diesen Trick keine Einschränkung. Allerdings ist er nur für selbstbewusste Hunde mit einer guten Bindung an den Hundeführer geeignet. Ansonsten könnte der Hund verunsichert reagieren, wenn ihn sein Trainer beim Abruf plötzlich ausbremst.

Männchen machen

Wenn es einen Klassiker bei den Trickdogs gibt, dann ist es das „Männchen". Es verfehlt als Einzelelement nie seine Wirkung und lässt sich in Kombination mit anderen Tricks in spektakuläre Darbietungen einbauen.

Step 1: Mit Leckerchen hochziehen

Ausgangsposition ist das Signal „Sitz". Nun führt der Zweibeiner ein Leckerchen über die Nase des Hundes und zieht es immer weiter nach oben. Dabei hilft die Vorstellung, zwischen der Hand und der Hundenase wäre ein unsichtbares Band. Der Hund darf dabei nicht eine Sekunde lang den Allerwertesten vom Boden lösen.

Step 2: Übung macht den Meister

Koordinationsvermögen und Muskulatur müssen nun schrittweise geschult werden, denn ein korrektes „Männchen“ schafft kaum ein Hund sofort aus dem Stegreif. Einige balancieren das eigene Gewicht von Anfang an recht gut aus, andere brauchen Wochen, um es zu lernen.

Step 3: „Männe!“

Als Hörzeichen eignet sich „Männe!“ oder „Männchen!“. Als Sichtzeichen setzt Simone Doepp ihre zur Faust geballte rechte Hand ein, deren Handgelenk beim Signal nach oben klappt. Wichtig: Der Handrücken zeigt dabei immer zum Hundeführer. Das „Männchen“ ist nur für Hunde mit tadelloser Gesundheit geeignet. Außerdem auch erst für Hunde ab 18 Monaten.

Der Bierbrauer Job

Es scheint, als hätte Trickdog Spoon bei Bierbrauern über den Zaun gelinst. Zielstrebig wirft er ein Fass zu Boden und rollt es eifrig davon. Eine tolle Koordinationsleistung, weil die Vorwärtsbewegung zeitgleich mit einer ungewöhnlichen Kopfbewegung erfolgt. Und Respekt vor großen Objekten ist bei diesem publikumsträchtigen Trick ebenfalls fehl am Platz. Dieser Trick braucht Mut und Mumm.

Step 1: Alles, was man braucht

Sicheres „Pfötchengeben" und „Winken" (siehe Seite 34) werden für diesen Trick vorausgesetzt. Und der Erwerb eines Fässchens, das in etwa der Größe des Hundes entspricht. Meistens passt ein Fünfliterfass bestens.

Step 2: Winken mit Fass-Touch

Der Hund darf vor dem Fass sitzen oder stehen. Als nächstes gibt der Trainer das Signal fürs „Winken". Sollte der Hund zufällig das Fass treffen, winkt wiederum eine Belohnung. Falls nicht, muss der Trickdogger diesen Ablauf wiederholen, bis die Pfote versehentlich das Fass touchiert.

Step 3: Einfach umwerfend!

Mit der Zeit begreift der Hund, dass er das Fass treffen soll. Und als Nächstes wirft er es mit wachsendem Eifer um. Das passiert meistens schneller, als der Trainer denkt, und das ist gut so. Denn dann ist ein wichtiger Schritt geschafft.

Step 4: Ins Rollen bringen

Zeit, ans Rollen zu denken. Dafür versteckt der Trainer unter dem nun auf der Seite liegenden Fass ein Leckerchen und macht den Hund darauf aufmerksam. Wenn es ein gutes Leckerchen ist, drängt sich bestimmt eine neugierige Hundenase unter das Fass und schiebt es dabei an. Nun hagelt es weitere Leckerchen, bis der Hund den Zusammenhang versteht.

Step 5: Kräftig schubsen

Klappt das, belohnt der Hundeführer nicht mehr jeden einzelnen Stupser, sondern wartet auf mehrere, die das Fass tatsächlich ins Rollen bringen. Dann erst gibt es die Belohnung.

Step 6: „Roll das Fass“

Der Bierbrauertrick ist ideal für die Schulung des freien Formens. Denn es ist geradezu verblüffend, was Hunden alles einfällt, wenn sie ein Fässchen in die Pfoten bekommen. Als Hörzeichen verwendet Simone Doepp hierfür „Wirf um“ und „Roll das Fass“. Der Trick ist für alle Hunde geeignet.

Teppich ausrollen

Falls Ihnen Omas Teppich nicht mehr gefallen sollte, hätte Trickdoggerin Jennifer Römer einen sinnvollen Vorschlag zur Zweitverwertung: Das gute Stück einfach auf eine handliche Größe zuschneiden, ausprobieren, ob er sich gut rollen lässt, und auf zum nächsten Trick.

Step 1: Saunatücher

Der Teppichtrick beginnt allerdings nicht gleich mit dem echten Teppich, sondern mit einem simplen Handtuch, weil das für den Hund anfangs leichter zu handhaben ist. Zu leicht darf das Handtuch jedoch auch nicht sein, weil es der Hund ansonsten nicht rollen kann, sondern nur wegschiebt. Schwere Saunahandtücher sind ideal.

Step 2: Eingewickelte Leckerchen

Zuerst wird das Handtuch präpariert: Pro Drehfalte steckt der Trainer ein Leckerchen dazwischen. Ganz am Ende verbirgt sich der Jackpot – ein ganz besonders gutes Leckerchen, über das sich der Hund freuen wird.

Step 3: Tolle Rolle!

Nun ran an das gute Stück! Da es sich um einen selbst belohnenden Trick handelt, finden pfiffige Trickdogs in der Regel ohne Hilfe den richtigen Weg. Sollten sich dennoch ungeahnte Hemmungen abzeichnen, einfach ein bisschen mithelfen und dem Hund beim ersten Ausrollen die Leckerchen mit der Hand zeigen.

Step 4: Für gehemmte Hunde

Will das Ganze trotz Hilfestellung nicht klappen, zäumen raffinierte Trickdogger das Pferd von hinten auf. Dazu rollen sie nur die letzten zehn Zentimeter des Handtuchs ein und setzen den Hund auf die darin versteckte Beute an. Nun stellt sich sehr schnell der erste Erfolg ein, und schon lässt sich das Abrollen schrittweise um jeweils zehn Zentimeter verlängern.

Step 5: Der rote Teppich

Als Hörzeichen kommen „Roll aus" oder das glamourösere „Roter Teppich" infrage. Ein gutes Sichtzeichen ist, mit dem rechten Zeigefinger eine Ausrollbewegung in der Luft zu beschreiben. Dabei jedoch aufpassen, dass dieses Signal nicht mit dem Sichtzeichen fürs Rollen des Hundes verwechselt wird.

Das Teppichausrollen ist ein Trick, der problemlos für alle Hunde und auch für Welpen infrage kommt. Das große Plus dieses Kunststücks: Nun kommen Requisiten ins Spiel und der Hund arbeitet auch ohne das imaginäre Leckerchenband. Ein weiteres Plus für den Alltag ist es, wenn der Hund geduldig wartet, während der Trainer den Teppich mit Leckerchen füllt. Das allein ist übrigens schon eine hervorragende Leistung.

Tricks für Fortgeschrittene

WER EINMAL AUF DEN GESCHMACK gekommen ist, will mehr, denn Trickdogging bringt einfach unglaublich viel Schwung und Spaß ins Leben. Keine Sorge, das war erst der Anfang: Es gibt eine kunterbunte Trickdoggingwelt voller verblüffender Kunststücke, die nur darauf wartet, erobert zu werden!

Grimasse schneiden

Franziska Wieland nennt diesen Trick „Make the face". „Grimassen schneiden" bedeutet das und so etwas lässt sich ein Trickdog nicht zweimal sagen. Die Ohren klappen keck nach hinten. Die Augen blinzeln frech in die Sonne. Und das ansonsten so harmonisch geformte Hundemaul verformt sich zu einem Kussmund, aus dem schneeweiße Zähne hervorblitzen. Ein Trick, der auf jeden Fall für Lacher sorgt!

Step 1: „Stups mich"

Das Hörzeichen „Stups" an der Hand oder an einem Finger ist die wichtigste Grundvoraussetzung für diesen pfiffigen Trick, der übrigens für Hunde jedes Alters und Gesundheitszustands geeignet ist. Wer zuvor „Stups" mit einem Target Stick trainierte, tauscht den Stab nun einfach gegen die eigene Hand aus. Diese Übung sollte reibungslos funktionieren, bevor der nächste Trainingsschritt erfolgt.

Step 2: Hinter Glas

Nun suchen sich Trainer und Trickdog eine Glasscheibe. Möglichst eine, bei der beide Seiten problemlos erreichbar sind. Die Schaufensterscheibe eines großen Kaufhauses scheidet damit aus, aber vielleicht gibt es ja eine Terrassentür im Haus. Autoscheiben leisten auch gute Dienste, wenn der Hund im Innenraum sitzt und der Trainer außen vor der Scheibe steht. Tipp: Einfach eine Plexiglasscheibe auf einen Sockel schrauben. Ebenfalls ein hilfreiches Trainingsobjekt und außerdem transportabel.

Step 3: Hörzeichen „Face“ einführen

Nun die Finger gegen die Fensterscheibe drücken. Bei guter Vorbereitung presst der Hund nun von der anderen Seite seine Nase dagegen. Jetzt das Hörzeichen einführen: „Face“, oder: „Make face“ Anschließend die Finger langsam wegnehmen und die Übung zukünftig stets nur auf Kommando hin abfragen.

Step 4: Noch ein bisschen länger, bitte!

Damit der Hund auch eine auffällige Grimasse schneidet, muss er lernen, die Position an der Glasscheibe länger beizubehalten. Anfangs entfernt sich seine Nase meistens sehr schnell wieder. Deshalb von nun an sofort jedes noch so kurze Verharren an der Scheibe bestärken.

Step 5: Die schönste Fratze der Welt

Nun erfolgt eine Steigerung im Sekundentakt. Für den späteren Erfolg ist es wichtig, den Hund gerade in der Anfangsphase des Trainings keinesfalls zu überfordern. Auch sollte die Dauer des Grimassenschneidens angemessen sein, damit die Motivation erhalten bleibt.

Spring in meine Arme

Angst vor fliegenden Hunden sollte man bei diesem Trick nicht haben. Denn geübte Trickdogs springen mit beeindruckendem Elan ab, um gleich darauf in beträchtlicher Höhe durch die Luft zu schnellen. Der Zielflughafen liegt direkt in den Armen des Trainers, der sie blitzschnell ausbreitet, um den behaarten Düsenjet ans Herz zu drücken.

Step 1: Trag mich!

Es gibt eine wichtige Voraussetzung für das Gelingen dieses Tricks, den Lisa Buhs und Twice anschaulich zeigen: Der Hund sollte es gewöhnt sein, getragen zu werden. Außerdem muss er ausgewachsen und gesund sein.

Step 2: Pfoten auf die Schulter

Nun gibt es verschiedene Wege, die zum Ziel führen. Bei der ersten Variante kniet der Trainer direkt vor seinem Hund auf dem Boden. Dann nimmt er ein Leckerchen oder ein Spielzeug zur Hand, um den Hund damit zu motivieren. Was soll er tun? Seine Vorderpfoten an die Schulter des Hundeführers stellen. Wagt der Hund in diesem Moment zufällig auch schon einen kleinen Hüpfer, gibt es eine Extrabelohnung.

Step 3: Bauch kraulen

Sobald die Pfoten des Hundes an den Schultern des Trainers ruhen, streichelt dieser zärtlich den Bauch und die Hinterbeine des Hundes, um ihn an die Berührung zu gewöhnen.

Step 4: Mit Hüpfer

Nun richtet sich der Trickdogger schrittweise auf, bis er schließlich gerade steht. Der Hund muss nun springen, um die Schultern des Trainers mit den Pfoten zu berühren, außer es handelt sich um einen sehr großen Hund. Der Trainer gibt in diesem Moment das Hörzeichen „Hoppse" oder „Catch". Erreicht der Vierbeiner die Wunschhöhe, regnet es reichlich Leckerchen.

Variante 2 Mit Podest

Bei der zweiten Trainingsvariante steht der Hundeführer frontal zum Hund, der auf einem Podest sitzt. Der Trainer hält sich aufrecht und motiviert den Hund mit Leckerchen oder Spielzeug dazu, an die Schultern zu springen.

Step 5: Komm in meine Arme!

Nun zum Fangen des Hundes: Sobald der Trickdog souverän auf Signal hin die Schultern seines Trainers ansteuert, versucht er, seinen Hund aus der Luft zu fangen. Es hat sich bewährt, eine Hand unter dem Allerwertesten des Hundes zu platzieren und mit der anderen rund um den Rücken zu greifen. Das ergibt einen sicheren Halt. Anfangs trotzdem eine Hilfsperson hinzunehmen, damit der Hund nicht fällt. Der Helfer soll den Hund außerdem sofort belohnen, sobald er in den Armen des Trainers landet.

In die Pfanne hauen

Ab in die Pfanne! Natürlich nicht, um den Hund zu braten, sondern im Dienste eines anspruchsvollen und publikumswirksamen Tricks. Mit allen vier Pfoten soll er hinein. Und spätestens jetzt ist klar, wie klein so ein Küchenutensil ist. Doch viele Menschen mit Trickdogs lieben Herausforderungen, und deshalb wird es knifflig.

Step 1: Auf soliden Pfoten

Der Hund sollte ausgewachsen und gesund sein, um diesen Trick zu lernen. Er ist außerdem im Vorteil, wenn er ausbalanciert ist – selbst bei dicht beieinanderstehenden Pfoten. Das lässt sich bereits im freien Stand trainieren.

Step 2: Ab in die Kiste!

Funktioniert das, kommt ein Accessoire ins Spiel. Ein Pappkarton oder ein Wäschekorb sind ideal für den Start und außerdem günstige Requisiten. Der Hund lernt nun, in den Karton oder Korb zu klettern und dort ruhig zu stehen. Hierbei darf auch ein Leckerchen als Lockvogel dienen. Je bequemer diese Position anfangs ist, desto lieber nimmt der Hund später auch schwierigere Herausforderungen an.

Step 3: Alle Füße im Karton?

Die meisten Hunde neigen dazu, nicht alle vier Pfoten im Karton oder Korb zu platzieren. Passt der Trainer nicht auf, schleichen sich in dieser Phase schnell Fehler ein. Deshalb unbedingt auf die korrekte Platzierung aller vier Pfoten achten und erst dann loben. Manche Hunde reagieren auch sehr gut auf freies Formen. Sie suchen sich den richtigen Weg von selbst und werden für jeden richtigen Schritt bestärkt.

Step 4: Auf dem Weg zur Wok-WM

Doch wie gelangt der Hund vom komfortablen Platzangebot eines Wäschekorbs in die winzige Bratpfanne? Auch hier gehen Trickdogger schrittweise vor. Erst kleinere Körbe und Kartons nehmen, dann langsam auf die Größe einer Pfanne hinarbeiten. Erfolgserlebnisse sind hierbei ausgesprochen wichtig. Besser über fünf Einzelstufen hinweg das Ziel erreichen, als den Hund zu überfordern und damit zu demotivieren.

Step 5: Ab in die Pfanne!

Diente bislang ein Leckerchen als Lockmittel, um den Hund in die Pfanne zu locken, erfolgen nun ein Sicht- und ein Hörzeichen. „Geh rein“ oder „Pfanne“ werden mit einem Zeichen des rechten Zeigefingers kombiniert, der nun den Weg zeigt. Das schult die Aufmerksamkeit des Hundes und ist ein gutes Training für seine Koordination.

Fast wie Fliegen

Pi-Wi! Tu-Wi! Der Unterschied liegt im Detail. Und wenn Stefanie Gerbracht diese Hörzeichen gibt, zeigen Hunde geradezu akrobatische Stunts. Sie heben gleichzeitig zwei Beine. Mal auf einer Seite, dann diagonal. Unglaublich, wie sie dabei das Gleichgewicht halten. Professionelles Training macht's möglich.

Step 1: Heb mal die Pfote

Zuerst lernt der Hund, alle vier Pfoten einzeln anzuheben. Nicht nach Lust und Laune, versteht sich. Sondern zielgerichtet und nur auf Signal hin. „Winke" ist das Zeichen für die rechte Vorderpfote, „Andere" soll das linke Vorderbein in die Lüfte befördern. Und für hinten gibt es „Pi" (rechts) und „Tu" (links).

Step 2: Vorn wie hinten

Das Heben der Vorderpfoten erlernt der Hund genauso wie beim Winken (siehe Seite 35). Um die Hinterbeine gezielt anzuheben, reicht es meistens, das Knie des Hundes zu berühren. Hebt er nun das Bein an, loben und zukünftig ein Stimmsignal einführen. Manchen Hunden kann man auch über das freie Formen (siehe Seite 9), beibringen, die Beine auf einen Gegenstand zu stellen und später anzuheben.

Step 3: Kleine Hilfestellungen erlaubt

Nun haut das Heben eines Beines keinen Zuschauer aus den Socken. Hebt ein Hund aber gleichzeitig beide Beine, und das auf einer Seite, ist Bewunderung gewiss. Anfangs stützt der Trainer den Hund, sobald er auf das Hörzeichen „Pi-Wi" (Pipi und Winke) hin vorn rechts und hinten rechts die Beine hebt. Gleichzeitig gibt es eine Bestärkung.

Step 4: Zwei zur gleichen Zeit

Klappt das, gilt es, nun schrittweise die Gleichzeitigkeit des Hebens zu schulen und an der Höhe zu arbeiten. Schließlich wirkt dieser Trick nur dann, wenn die Beine auch schön synchron und weit vom Boden weggehoben werden. Ein Karton ist in dieser Phase womöglich hilfreich. Er bietet dem Hund in der ersten Zeit eine Stütze, die jedoch nach und nach abgebaut wird.

Step 5: Und diagonal

Sobald der Hund die Beine zuverlässig auf einer Seite anhebt, geht es ans Diagonaltraining. „Tu-Wi" (= Tu und Winke) lautet das Signal hierfür. Einfach die Hörzeichen für die einzelnen Pfoten direkt hintereinander geben und beispielsweise mit einem Clicker bestärken, wenn das Anheben annähernd zeitgleich erfolgt. Oder die Vorderpfote geben lassen und das Hinterbeinsignal geben. Stützen ist zu diesem Zeitpunkt noch erlaubt. Später soll der Hund ohne Hilfe das Gleichgewicht halten.

Umwerfend

Peng! – Der Schäferhund sackt aus dem vollen Lauf in sich zusammen und stürzt zu Boden. Mausetot sieht er aus. Doch wer genau hinsieht, erkennt das stolze Funkeln in den Augen. Der Vierbeiner weiß, dass er einen besonders anspruchsvollen Trick mit Bravour gemeistert hat. Wichtig: Dieses Kunststück ist nur für gesunde Hunde geeignet.

Step 1: Das sollte der Hund bereits können

Auf Signal hin tot spielen (siehe Seite 99), sicheres Herankommen und Stoppen bilden die Basis für diesen Trick. Gibt es dabei noch Probleme, am besten die Unterordnungsübungen gesondert trainieren – vor allem das „Platz" aus dem Laufen. Das Totspielen muss aus einer stehenden Position und aus dem „Platz" heraus zuverlässig abrufbar sein.

Step 2: Angeschossen

Nun positioniert sich der Trainer zwei Meter weit vom Hund entfernt. Er ruft ihn ab und versucht mithilfe des Hörzeichens „Spiel tot“ oder „Peng“ ihn aus dem Laufen heraus in eine Seitenlage zu bringen. Witzig ist auch das Sichtzeichen, bei dem die Hand des Trainers eine auf den Hund gerichtete Pistole simuliert. Klappt der Trick in dieser Phase noch nicht, die Distanz verkürzen oder die Grundsignale nochmals gesondert trainieren.

Step 3: Distanz und Tempo erhöhen

Damit der Trick auch spektakulär aussieht, muss der Trainer die Distanz zwischen sich und dem Hund schrittweise erhöhen, denn dann kann der Hund erst richtig flitzen, und umso dramatischer wirkt dann auch der plötzliche Sturz.

Step 4: Klappt nicht? Dann mit Zwischenstopp!

Es kommt immer wieder vor, dass sich der Hund weigert, aus dem Laufen heraus auf die Seite zu fallen? Dann einen Zwischenschritt einbauen: Erst das Stehen aus dem Laufen heraus üben. Dazu das Hörzeichen „Steh“ erteilen und auf eine präzise Ausführung achten.

Step 5: Weich fallen

Der Hund lässt sich trotz wiederholtem Einschieben eines Zwischenschritts nicht gern auf die Seite plumpsen? Dann sollte der Trainer das akzeptieren und den Trick zukünftig immer mit dem Zwischenschritt zeigen. Auch das ist eine tolle Leistung und wird für Anerkennung sorgen. Und generell unbedingt auf einen weichen Untergrund achten. Üben Sie den Trick nicht auf Schotter oder Asphalt, denn dabei könnte sich der Hund verletzen.

Home

Vorsicht! Bei diesem Trick kann einem durchaus schwindelig werden. Aber nur aus Begeisterung über das geschmeidige Drehen und Wenden des Hundes auf ein simples Signal hin.

Step 1: Rückwärts einparken

Der Hund steht direkt vor dem Trainer. Nun soll er rückwärts laufen, nach einigen Metern eine halbe Drehung machen und rückwärts zwischen den gegrätschten Beinen des Hundeführers einparken. Dieser Trick ist nur für Hunde mit einem gesunden Bewegungsapparat geeignet. Welpen sollten nur die halbe Drehung üben. Alles andere folgt, wenn sie ausgewachsen sind.

Step 2: Halbe Drehung

Für eine gelungene Ausführung muss der Hund das Rückwärtslaufen beherrschen. Die zweite Aufgabe besteht darin, eine halbe Drehung zu machen – anfangs noch direkt vor dem Trainer. Der Weg dorthin ist derselbe wie beim Drehen (siehe Seite 22), doch diesmal reicht es, wenn die Übung nach der Hälfte beendet wird. Das Hörzeichen lautet „Halb" oder „Half".

Step 3: Vorsichtig zurückschieben

Nun zum nächsten Einzelschritt: dem Einparken. Dazu stellt der Trainer den Hund frontal vor sich auf und stellt sich vor, die Hundenase und die Leckerchenhand seien durch ein unsichtbares Band miteinander verbunden. Mithilfe des imaginären Leckerlibandes fordern Sie eine halbe Drehung. Anschließend wird der Hund mit einem Leckerchen rückwärts geführt, bis er sich zwischen den Beinen des Trainers befindet. Der Hund legt anfangs nur zwei bis drei Schritte rückwärts zurück.

Step 4: Mit Einparkhilfe

Zu Beginn darf der Hundeführer ruhig beim Einparken nachhelfen, indem er sich passend hinstellt. Die Belohnung für das, was mancher Autofahrer nur mangelhaft beherrscht, erfolgt beim Erreichen der Parklücke – zwischen den Beinen des Trainers. Abschließend erfolgt die Kombination der einzeln einstudierten Tricks.

Step 5: Die passenden Signale

Als Hörzeichen verwendet Trickdoggerin Jennifer Römer bei diesem Trick „Park in" oder „Einparken". Das klappt durchaus auch in Kombination mit den Sichtzeichen für das Rückwärtsgehen oder die halbe Drehung. Das Sichtzeichen für die Kombination aus Rückwärtsgehen, halber Drehung und Einparken erfolgt durch den auf die gegrätschten Beine weisenden rechten Zeigefinger.

Kostbare Flaschenpost

Pling, pling! Wenn dieses klimpernde Geräusch ertönt, ist es vollbracht. Die Münze plumpst in die Flasche, und der Hund, der dieses Meisterstück vollbrachte, genießt anerkennenden Applaus. Ein wohlverdienter Ruhm, denn der Flaschentrick ist nichts für Flaschen!

Step 1: Löffel in den Mund

Die gute Nachricht vorweg: Dieser Trick ist für jeden Hund geeignet. Die andere gleich hinterher: Der Flaschentrick ist ganz schön schwierig. Doch das ist kein Grund, aufzugeben. Mit der richtigen Vorbereitung klappt es bestimmt. Und die beginnt mit dem Apportieren von Metallobjekten – das Beherrschen des normalen Apports vorausgesetzt. Am besten erst einen großen Suppenlöffel nehmen, dann einen kleineren und schließlich eine große Münze.

Step 2: Und aufräumen!

Als Nächstes kommt eine weitere Requisite hinzu: eine große Schüssel. In die soll der Hund nun den apportierten Gegenstand legen. „Aufräumen" nennt Franziska Wieland diesen Schritt. Anfangs einfach einen Ball nehmen, der sich spielend leicht in die Schüssel legen lässt. Schließlich soll der Hund erst mal nur die Verknüpfung zwischen dem Aufnehmen des Gegenstands und dem gezielten Wegräumen des Objekts erlernen.

Step 3: Bare Münze

Bei diesem Trick gibt es kein Sichtzeichen, aber ein klares Hörzeichen. „Münze" lautet es und sollte in der frühen Trainingsphase eingebaut werden. Wichtig: Übereifrige oder hektische Hunde könnten dazu neigen, die Münze im Eifer des Gefechts zu verschlucken. Dann lieber auch weiterhin nur einen Ball verwenden und ihn auf das Signal „Aufräumen" hin in eine Kiste einsortieren lassen. Oder einen Löffel nehmen und ihn in eine Kaffeetasse legen lassen. Das kommt auch gut an!

Step 4: Wirf's in die Flasche

Arbeitet der Hund problemlos mit der Münze, wird nun mit einer Flasche geübt, deren Öffnung relativ groß ist. Wasser- oder Weinkaraffen eignen sich gut für diesen Step. Allerdings sollten sie aus Kunststoff oder einem anderen haltbaren Material sein, damit sie beim versehentlichen Umwerfen nicht zerbrechen und womöglich noch den Hund gefährden. Wenn etwas Sand in die Gefäße gefüllt wird, fallen sie nicht so schnell um.

Step 5: Ganz schön treffsicher

Nun wählt der Trainer schrittweise Flaschen mit immer kleineren Öffnungen aus. Auch die Größe der Münze reduziert sich parallel dazu. Der Hund muss immer präziser arbeiten, um die Öffnung zu finden und die Münze exakt dort fallen zu lassen.

Nasen-schleuder

Dass dieser Trick überhaupt auf den Fotos zu sehen ist, grenzt an ein Wunder. Denn das Leckerchen schnellt mit gefühlter Lichtgeschwindigkeit vom Nasenrücken aus in die Luft, bevor es im Maul des Hundes verschwindet. Drauflegen, Abwarten und Staunen! Dieser Trick ist etwas für Könner und Hunde, die noch Könner werden wollen, doch Geduld muss das Trickdogging-Team mitbringen.

Step 1: Auf der Nase balancieren

Die Vorübung besteht darin, dem Hund beizubringen, ein kleines Objekt auf der Nase zu balancieren. Dazu am besten „Sitz“ machen lassen und erst mal ein Holzstück auf die Nase legen. Viele Hunde sind Leckermäulchen, und da wäre ein duftendes Leckerchen am Anfang zu viel der Verlockung. Also anfangs etwas weniger Schmackhaftes zum Üben nehmen.

Step 2: Schnapp dir das Leckerchen

Sobald der Hund kurz die Balance hält, das Objekt schnell mit der linken Hand herunternehmen und mit der rechten Hand fast zeitgleich ein Leckerchen ins Maul befördern. Am besten werfen. Das sollte möglichst oft wiederholt werden, damit der Hund das Schnappen nach dem Leckerchen als gewünschte Reaktion in Erinnerung behält. Diesen Ablauf mehrmals wiederholen.

Step 3: Bleib und Hepp!

„Bleib und Hepp!" lautet das Hörzeichen, das Stefanie Gerbracht einführt, sobald die ersten Vorbereitungen erfolgreich absolviert sind. Und es gibt noch etwas Neues: Kamen zuvor beide Hände zum Einsatz, um den Leckerchenaustausch vorzunehmen, ist es nun die rechte Hand, die blitzschnell das Leckerchen von der Nase nimmt und es dem Hund ebenso schnell wieder ins Maul wirft.

Step 4: Wurf antäuschen

Danach steigt der Anspruch schrittweise. Der Trainer wirft das Leckerchen nun nicht mehr jedes Mal ins Maul des Hundes, sondern täuscht den ganzen Ablauf manchmal einfach nur an. Schnappt der Hund nun trotzdem in die Luft, sofort kräftig loben. Nun hat er den Zusammenhang verstanden und reagiert wie gewünscht. Die Handbewegung wird so zum Sichtzeichen für den Trick, wie auch das leichte Kopfnicken, mit dem sich geübte Hunde fast unsichtbar steuern lassen.

Step 5: Mit Männchen für Könner

Gelingt es dem Hund relativ oft, das Leckerchen zu fangen, gibt es keine Extrabelohnung mehr, wenn er es nicht fängt. Schnappt er es, gibt eszusätzlich ein Extraleckerchen zur Belohnung. Will man den Anspruch erhöhen, kann man das Kunststück aus der „Männchen"-Position heraus einüben. Dabei am besten wieder mit dem ersten Trainingsschritt beginnen.

Kuscheltiere unter sich

Dieser Trick ist was fürs Herz. Es sieht einfach entzückend, wenn ein Hund sein Lieblingskuscheltier zwischen den Pfoten hält. Doch was Fans wuscheliger Kuscheltiere gerührt aufseufzen lässt, ist für den Hund eine disziplinarische Herausforderung, gepaart mit einer gehörigen Portion Körperbeherrschung.

Step 1: Auffrischung im „Männchenmachen“

Ein zuverlässiges „Männchen“ (siehe Seite 50) ist eine wichtige Voraussetzung für diesen Trick. Hierfür setzt Stefanie Gerbracht bei ihrem tricolorfarbenen Border Collie Faylin das Hörzeichen „Männe“ ein. Und das gezielte Berühren eines Gegenstands mit der Pfote gehört ebenfalls dazu, was sich am besten mit dem bewährten Step Target trainieren lässt.

Step 2: Komm in meine Pfoten

Auf dieser Basis kann es weitergehen im Trainingsplan. Und der besteht nun darin, ein mittelgroßes, eher leichtes Kuscheltier zwischen den Vorderpfoten des Hundes zu platzieren. Dabei auf die Körpergröße des Hundes achten. Er sollte es bequem halten können, ansonsten sinkt die Motivation. Tipp: Ein besonders buntes Stofftier oder eins mit „Knallfarbe“ wählen, damit es sich optisch vom Fell des Hundes abhebt.

Step 3: Fest umarmen

Nun erfolgt auch die Einführung des Stimmzeichens „Touch“. Sobald es erklingt, sollte der Hund das Kuscheltier fest mit den Vorderpfoten umklammern. Vorübergehend hilft der Trainer seinem Hund, indem er das Kuscheltier mit seinen Händen zusätzlich stützt. Dann kurz loslassen und den Zeitraum des selbstständigen Haltens durch den Hund schrittweise verlängern. Anfangs reichen wenige Sekunden. Zwischendurch immer wieder belohnen.

Step 4: Mit beiden Pfoten

Die Hauptaufgabe des weiteren Trainings besteht darin, auf den zuverlässigen Einsatz beider Vorderpfoten zu achten. Hunde neigen durchaus dazu, den Trick nachlässig auszuführen und nur eine Pfote zu benutzen. Ist das der Fall, sofort korrigieren und nur belohnen, wenn der Vierbeiner auch wirklich präzise arbeitet.

Horse-knicks

Reiter nennen diese Lektion „Kompliment“. Beim Trickdogging ist gern vom „Pferdeknicks“ die Rede. Gemeint ist dasselbe: Pferd oder Hund winkeln ein Vorderbein an, strecken das andere nach vorne aus und stützen sich mit dem nach hinten abgewinkelten Vorderbein am Boden ab. Dabei senkt sich der Kopf ab und der Allerwerteste ragt hoch in die Luft.

Step 1: Vorderbein abwinkeln

Das Verbeugen ist die Vorstufe für diesen Trick, wie auch das Anwinkeln eines Vorderbeins. Zuerst lockt der Trainer den Hund mit einem Leckerchen nach unten und winkelt gleichzeitig ein Vorderbein mithilfe der anderen Hand an. Bei der Belohnung ist ein exaktes Timing sehr wichtig, der Einsatz eines Clickers ermöglicht die schnellste Bestärkung.

Step 2: Verbeugen

Der Trainer kniet sich mit einem Bein auf den Boden und lockt den Hund mithilfe eines Leckerchens unter das andere Bein. Kurz bevor die gewünschte Position erreicht ist, gibt er ein Hörzeichen und dann eine Belohnung.

Step 3: Und nun kombinieren

Der Hund beherrscht beide Schritte aus dem Effeff? Super, dann können Sie nun die beiden Tricks kombinieren. Erst Pfote abwinkeln und nahtlos in die Verbeugung übergehen.

Step 4: Horseknicks, bitte!

Als Hörzeichen verwendet Trickdoggerin Jennifer Römer für ihren Hund Fraggle das Multikultiwort „Horseknicks". Es sollte bereits früh zum Einsatz kommen, damit der Hund später beim Erklingen dieses Wortes ganz von selbst ein Kompliment macht. Dieser Trick ist übrigens eine tolle Koordinationsübung, von der auch ganz junge Hunde profitieren. Gerade Hunde, die gern komplizierte Aufgaben abarbeiten, haben oft ihre helle Freude an dem Kunststück. Ruhe und Konzentration führen beim Horseknicks ans Ziel. Er sollte jedoch nur von gesunden Hunden ausgeführt werden.

Step 5: Auf beiden Seiten

Wenn es anspruchsvoller werden soll, trainieren Hund und Ausbilder beide Seiten. Denn so kommt auch die andere Körperseite des Vierbeiners in Schwung, die ansonsten vielleicht nicht gerade seine Schokoladenseite ist.

Zwerg Nase

Wenn ein Hund erst diesen Trick beherrscht, kann ihm bestimmt niemand mehr böse sein, selbst wenn er etwas Schlimmes ausgeheckt hat. Ein auf dem Allerwertesten sitzender Hund, der sich bei aufgerichtetem Oberkörper beide Pfoten vor die Augen hält, sieht einfach zu niedlich aus. Doch was so wirkt, als würde er sich schämen, ist tatsächlich ein äußerst effektvoller Trick aus dem Repertoire der Trickdoggerin Stefanie Gerbracht.

Step 1: Voraussetzungen

Die sichere Ausführung des „Männchens" und das „Schämen mit einer Pfote" bilden die Basis für diesen Trick. Die Hilfsmittel gleichen denen des einfacheren Schämtricks: Ein Gummiband auf der Nase des Hundes weist den richtigen Weg.

Step 2: Mach's weg!

Nun legt der Trainer dem Hund ein Spiralarmband um die Nase, gibt das Signal fürs „Männchen" und dann das fürs „Schäm dich". Viele Hunde versuchen nun ganz instinktiv, das störende Objekt mit der Pfote von der Nase zu streifen. Ist das der Fall, sofort ausgiebig belohnen. Gelingt es dem Trickdog nicht, das Band aus eigener Kraft zu entsorgen, nimmt es der Trainer schnell ab und belohnt den Hund für den Einsatz seiner Pfote. Schließlich geht es in erster Linie um diesen Bewegungsablauf und nicht ums Abstreifen.

Step 3: Probier's mal anders

Manche Hunde senken Kopf und Körper in Richtung Boden ab und versuchen dann erst, das Band abzustreifen. Das ist der falsche Weg, und genau das muss der Trainer dem Trickdog umgehend signalisieren. Also ein gut gemeintes „Du bist auf dem Holzweg"-Signal geben und nochmals neu zum Trick ansetzen. Dabei kein Verbot aussprechen, denn ansonsten traut sich der Hund hinterher womöglich nicht mehr, neue Wege auszuprobieren. Aber gerade das ist wichtig für erfolgreiches Trickdogging.

Step 4: Mit beiden Pfoten

Der Hund versucht, das Band mit nur einer Pfote abzustreifen? Dann hebt er aufgrund der Männchenposition die zweite Pfote zumindest ansatzweise mit an. Das wird vom Trainer sofort mit dem Clicker bestärkt und weitergeformt. Je näher der Hund dem angestrebten Ziel kommt, desto mehr Leckerchen gibt es. Sobald der Hund öfter beide Pfoten benutzt, gibt es für den Einsatz nur einer Pfote kein Leckerchen mehr.

Step 5: Ganz ohne Hilfsmittel

Versteht es der Trickdog zuverlässig, das Band mit beiden Pfoten von der Nase zu wischen, baut der Trainer die Hilfestellung mit dem Band allmählich ab. Als Hörzeichen bieten sich „Männe" und „Nase" an. Das Sichtzeichen für das Heben der Pfote kann ein Anstupsen der eigenen Nase mit dem rechten Zeigefinger sein. Tipp: Anstelle des Spiralarmbands leistet auch eine alte Nylonstrumpfhose gute Dienste. Einfach die Beine ringförmig in breite Streifen schneiden.

Koffertrick

Beengt im Dunkeln sitzen, auf kleinstem Raum „Platz" machen, Hörzeichen ohne Sichtkontakt befolgen ... Der Koffertrick hat es in sich. Was für viele nach einem lustigen Kunststück aussieht, ist tatsächlich eine Härteprobe für den Hund.

Step 1: Das sollte er können

Es gibt einige Voraussetzungen, die jeder Hund beherrschen sollte, bevor man ihn in den Koffer bittet. Die Hörzeichen „Platz" und „Bleib", „Kopf ablegen" und „Kopf heben" (siehe Seite 26) sollte er befolgen. Es ist auch wichtig, den Hund auf einen bestimmten Platz schicken zu können.

Step 2: Erste Annäherungen

Nun soll sich der Hund auf Signal hin dem Koffer nähern und mit den Vorderbeinen hineinsteigen. Genau in diesem Moment erfolgt die Bestärkung. Man kann das Leckerchen auch in den Koffer legen. So belohnt sich der Hund selbst, sobald er drin ist.

Step 3: Ab in den Koffer

Zuerst befindet sich der Trainer neben dem Koffer, dann entfernt er sich langsam. Später soll der Hund auf Signal hin „Platz" machen. Das Sichtzeichen kennt er, auch wenn er es sonst nicht auf beengtem Raum zeigen muss. Sobald das klappt, können beide Kommandos verknüpft werden: Erst in den Koffer schicken, dann „Platz" fordern.

Step 4: Deckel zu

Nun wird der Deckel abgesenkt. Gleichzeitig gibt der Trainer ein Handzeichen, damit der Hund liegen bleibt. Der Deckel wird nun immer weiter geschlossen, bis auf zehn Zentimeter. Je kleiner der Spalt zwischen den beiden Kofferdeckeln ist, desto mehr muss der Hund seine Nase einsetzen, um den Deckel anzuheben. Wichtig: Den Koffer erst schließen, wenn der Hund ruhig liegt. Dann den Deckel kurz schließen und wieder öffnen. Die Zeit langsam erhöhen.

Step 5: Ganz schön vorwitzig

Nun ist der Hund im Koffer und lernt, den Deckel anzuheben und herauszuschauen. Zuerst setzt sich der Trainer vor den Koffer. Dann sagt er „Kopf heben" und achtet darauf, dass der Hund nicht herausspringt. Mit der Zeit versteht der Trickdog, dass er nur herausschauen muss, um belohnt zu werden. Dann kann sich der Ausbilder schrittweise vom Koffer entfernen und das Zeichen aus Entfernung geben.

Step 6: Deckel auf, kommt Pfiffi raus

Nun öffnet der Hund den Koffer. Wichtig: Reißverschluss offen lassen. Vorher Leckerchen in den Koffer legen, Deckel schließen. Will der Hund an den Leckerbissen, hebt er den Deckel an. Nun alle Elemente kombinieren.

Luftiger Getränke-Service

Es ist schon ein bemerkenswerter Kellner, der hier das Getränk serviert. Perfekt ausbalanciert reckt er die Hüfte in die Höhe und kredenzt eine kleine Erfrischung. Fast akrobatisch mutet die Darbietung an. Auf jeden Fall verdient sie Respekt, denn dieser Trick stellt Hund und Trainer auf eine Geduldsprobe.

Step 1: Noch ganz leicht

Die Grundsignale für dieses pfiffige Kunststück sind denkbar einfach. „Platz" und „Bleib" – mehr braucht man nicht. Zumindest vorerst. Der Hund legt sich auf Wunsch des Trainers hin. Bestärken, und dann geht es weiter.

Step 2: Po hoch!

Hoffentlich ist der Hund kitzelig, denn das würde den nächsten Schritt erheblich vereinfachen. Unter dem Bauch kitzeln ist angesagt, damit der Hund seine Hüfte anhebt. Ignoriert er die kitzelnden Finger unter seinem Bauch mit stoischer Gleichgültigkeit, hilft folgender Ausweichplan: Den liegenden Hund mit einem besonders verführerischen Leckerchen in Richtung Brustbein locken. Dadurch schiebt er sich zurück und hebt sein Hinterteil an. Manche Hunde robben aber auch in liegender Position rückwärts, woraus sich ein weiterer imposanter Trick entwickeln lässt.

Step 3: Schön oben bleiben

Der Po ist in der Luft? Dann blitzschnell reagieren und den Hund für seine Leistung belohnen. Nun keinesfalls wieder ins Platz entlassen, sondern das Hörzeichen „Steh" geben und dann ein Spielzeug oder ein Leckerchen werfen, dem der Hund hinterherspringen darf. Er soll dadurch das gezielte Anheben der Hüfte lernen und keinesfalls wieder eine liegende Position einnehmen.

Step 4: Hörzeichen einführen

Der Hund hebt auf das Hörzeichen „Popo hoch" das Hinterteil an? Prima – dann ist jetzt der richtige Zeitpunkt, um diese Körperhaltung mit einem „Bleib" zu festigen. So lange wiederholen und den Zeitraum des Verweilens schrittweise steigern, bis der nächste Step erfolgen kann.

Step 5: Becher balancieren

Nun wird es spannend. Erstmals darf jetzt ein Gegenstand auf dem Hinterteil des Hundes platziert werden. Anfangs kann das auch die Hand des Trainers sein, dann eine Frisbeescheibe und schließlich ein Becher. Wichtig: Kein Glas verwenden, sondern bruchsicheres Material. Ob der Becher mit Wasser gefüllt wird, hängt von der Geduld des Hundes ab. Test: Den Hund einmal umrunden, während er regungslos den Becher auf dem Hinterteil balanciert. Das klappt? Dann rein mit dem Wasser!

Bananen-schälen

Obst ist gesund. Wie praktisch, wenn es auf Wunsch auch noch vom eigenen Vierbeiner geschält wird. Eine reife Banane macht dabei besonders viel her. Sie sieht gut aus in ihrer leuchtend gelben Schale und erleichtert dem Hund einen herrlichen Trick, der beim Publikum auf jeden Fall für herzhafte Lacher sorgt.

Step 1: „Nimm“ und „Zieh“

Die Hörzeichen „Nimm“ und „Zieh“ (siehe Seite 20) sollte der Hund beherrschen, bevor es an den witzigen Bananentrick geht. Mit den eigenen Pfoten halten muss er die Banane übrigens nicht. Das übernimmt – aufgrund des ohnehin hohen Anspruchs dieses Kunststücks – der Trainer.

Step 2: Alles Bio, oder was?

Dass es eine Biobanane ohne Giftstoffe sein sollte, versteht sich von selbst. Schließlich darf der Hund keine schädlichen Pestizide aufnehmen, während er einen neuen, lustigen Trick erlernt. Fressen darf er die Schale aber trotzdem nicht. Sie ist auch bei der Biobanane schwer verdaulich und kann zu Verdauungsproblemen führen.

Step 3: Reife Bananen

Nun wird die Banane vorab am oberen Ende leicht angeritzt, damit sie der Hund leichter schälen kann. Tipp: Reife Bananen eignen sich eher für dieses ernährungsbewusste Kunststück als unreife, weil diese recht bitter schmecken und dem Hund womöglich den Spaß am Schälen verderben. Reife Bananen empfindet er aufgrund der natürlichen Süße als durchaus angenehm.

Step 4: Ein bisschen Hilfe ist erlaubt

Der Erfolg des Bananenschälens auf Signal hin hängt vom klugen Einstieg in den Trick ab. Anfangs kann man die Bananenschale ein Stück weit vorschälen, damit es der Hund leichter hat. Später sollte er die Banane oben am Stielansatz mit den Zähnen umfassen und dann an der Schale ziehen. Ansonsten gibt es möglicherweise unappetitliche Szenen. Ein Sichtzeichen ist hierfür nicht erforderlich. Die Hörzeichen „Nimm" und „Zieh" sollten reichen.

Flinker Taschendieb

Diebe sind eigentlich recht unbeliebte Zeitgenossen, doch der flinke Taschendieb dieses Tricks ist eine Ausnahme. Er versprüht selbst beim frechen Taschenraub so viel Charme, dass ihm niemand ernsthaft böse sein möchte. Und mit dem Geld kann er persönlich übrigens auch gar nichts anfangen.

Step 1: Basics neu kombinieren

Drei Fähigkeiten bilden die Basis dieses spektakulären Kunststücks. Der Hund sollte auf Signal hin etwas nehmen, festhalten und ziehen (siehe Seite 20) können. Eigentlich drei ganz einfache Anforderungen, die – geschickt kombiniert – einen Trick ermöglichen, der begeistert. Wie so oft beim Trickdogging.

Step 2: Reißverschluss öffnen

Drei Basis-Zeichen und drei Requisiten braucht man für diesen Trick: eine Tasche mit Reißverschluss, eine Geldbörse und einen Geldschein. Die erste Übung besteht darin, den Hund aufzufordern, den Reißverschluss der Tasche ins Maul zu nehmen und daran zu ziehen. „Nimm" und „Zieh" lauten hier die Hörzeichen und geübte Hunde

brauchen wenig Zeit, um das geschickt umzusetzen. Notfalls vorübergehend ein zusätzliches Bändchen am Reißverschluss befestigen, damit ihn der Hund besser mit den Zähnen fassen kann. Nach und nach verkleinern. Schließlich ganz weglassen.

Step 3: Schnapp dir das Portemonnaie

Wieder erfolgen die Hörzeichen „Nimm" und „Zieh". Aber jetzt gelten sie der Geldbörse, die der Hund aus der zuvor geöffneten Tasche ziehen soll. Tipp: Eine ausreichend große, gut greifbare Geldbörse wählen.

Step 4: Nase in fremde Börsen stecken

Außerdem sollte sich die Geldbörse von einer Hundenase leicht aufklappen lassen. Denn genau das ist das Ziel des nächsten Schritts. Folglich darf die Börse nicht zu straff verschlossen sein. Bei den ersten Versuchen darf der Geldschein ein Stück weit aus der Börse herausragen, um das Nehmen zu erleichtern. Tipp: Einen Papierstreifen verwenden, bis sicher ist, dass der Hund den wertvollen Geldschein nicht zerreißt.

Step 5: Money, money, money

Bislang sind drei Hörzeichen für diesen Trick erforderlich. „Nimm", „Zieh" und „Halt fest" sollten nach erfolgreicher Basisarbeit zu einem einzigen Zeichen zusammengefasst werden. „Money" bietet sich als unverkennbares Signal für diesen Trick an.

Komischer Vogel

Unglaublich, dass ein großer Hund in eine so kleine Kiste passt. Doch wer die fantasievolle Trickdogger-Szene kennt, weiß: Hier ist prinzipiell erst mal nichts unmöglich! „Bird“ oder „Muffin“ lauten die Hörzeichen, wobei das erste das treffendste für das skurrile Kunststück ist. Denn es muss schon ein komischer Vogel sein, der sich in eine Minibox zwängt.

Step 1: Zusammengefaltet

Können sich Hunde zusammenfalten wie ein Bettlaken? Sie können. Die unglaubliche Show beginnt mit einem Leckerchen und einer simplen Gymnastikübung. Der Kopf des Hundes wird mithilfe eines Leckerchens in Richtung Flanke gelockt. Da diese Position an einen

Vogel erinnert, der seinen Kopf ins Gefieder steckt, hat Sabine Leonhard das Hörzeichen „Bird" (= Vogel) dafür gewählt. Tipp: Das Leckerchen unter dem Hundebauch durchführen, dadurch verstärkt sich der Krümmungseffekt.

Step 2: Ganz schön bequem

Nun kommt die Requisite hinzu: eine Kiste, in die der Hund auf Wunsch hineinklettern soll. Der Aufbau des Trainings gleicht dem des Pfannentricks (siehe Seite 62). In der ersten Zeit ist die Größe der Kiste noch komfortabel. Der Hund gelangt problemlos hinein und empfindet es als bequem, sich darin aufzuhalten. Doch das ändert sich.

Step 3: Schrumpfkiste

Es gibt Hunde, die sich gern in enge Körbchen legen. Sie sind bei diesem Trick klar im Vorteil. Doch auch X-large-Fans lassen sich mit entsprechendem Training auf kleinere Dimensionen eichen. Einfach schrittweise vorgehen und die Kiste immer kleiner machen.

Step 4: Zusammengekringelt

Sobald der Hund liegt, erfolgt das Hörzeichen „Bird" oder „Mach Bird". Wurde das zuvor als Einzelübung erfolgreich trainiert, nähert sich der Kopf des Hundes nun der Flanke an. Damit reduziert sich das Volumen des Hundekörpers auf ein Minimum. Unten die eckige Kiste, oben eine rundliche Wölbung – ein Mega-Muffin!

Step 5: Langsam verlängern

Anfangs reicht eine Sekunde in der Endposition. Nach und nach langsam den Zeitraum des Verweilens in Muffinposition verlängern. Wichtig: Hunde mit HD- oder Rückenproblemen sollten auf diesen Trick verzichten. Die Kopfbewegung in Richtung Flanke darf auch schon mit Junghunden trainiert werden.

Gesundheit!

Einfach rührend, wie fürsorglich manche Hunde mit ihrem Besitzer umgehen. Da wird doch glatt ein Taschentuch gezückt, weil der Zweibeiner herzzerreißend niest. Allerdings geschieht das vor allem in der fantasievollen Welt der Trickdogger. Im echten Leben muss man sich das Taschentuch meistens selbst nehmen.

Step 1: Lauter kleine Einzelschritte

Ein sicherer Apport ist die Voraussetzung für diesen Trick. Und auch die Hörzeichen „Halt fest" und „Zieh" (siehe Seite 20) beschleunigen den Lernerfolg erheblich. Das Ziel dieses Tricks besteht darin, den Hund zu der kleinen Kiste mit den Taschentüchern zu schicken. Er soll eines davon geschickt mit den Zähnen umfassen und herausziehen. Dann folgt der Apport zum Trainer, wo es im Tausch gegen das Tuch unwiderstehliche Leckerchen gibt. Doch erst mal langsam. Anfangs reicht es, wenn der Hund ein Taschentuch aufnimmt und

es dem Trainer gibt. Danach kommt das gezielte Herausziehen des Taschentuchs aus der Box hinzu. Erst wenn das klappt, erfolgt auch das Ansteuern der Box. Und das ergibt sich meistens von ganz allein, wenn der Hund erst gelernt hat, ein Tuch herauszuziehen.

Step 2: Vorsichtig apportieren

Manche Hunde lieben es, das Papiertaschentuch zu zerreißen. Bei ihnen trainiert Simone Doepp vorübergehend mit einem Handtuch, das weitaus haltbarer ist als ein dünnes Papiertuch. Erst wenn der Hund dieses Handtuch sicher apportiert, ohne ihm allzu üblen Schaden anzutun, ist an den Umstieg auf Papiertücher zu denken.

Step 3: Gib's mir!

Anfangs spielt die Taschentuchbox noch eine Nebenrolle. Der Hund soll das Taschentuch erst mal ohne Zerstörungswut aus der Hand des Trainers nehmen und es einen Moment lang halten. Auf das Hörzeichen „Aus“ hin muss er es freigeben. Diesen Step so lange wiederholen, bis der Hund nicht mehr mit dem Taschentuch losstürmt und es begeistert in tausend Einzelteile zerreißt.

Step 4: Hatschi!

Der Trainer niest nun konsequent jedes Mal, bevor er die Hörzeichen „Nimm“, „Zieh“ und „Bring“ sagt. Das Niesen entwickelt sich zum unverwechselbaren Signal, das eine ganze Kette von Verhaltensweisen aktiviert. Je fließender diese ineinander übergehen, desto schöner wird der Trick.

Der letzte Schritt liegt darin, die Hörzeichen allmählich wegzulassen. Nur das Niesen bleibt schließlich als Signal, und der Trainer sollte sich bemühen, es möglichst bühnenreif zu inszenieren. Gesundheit!

Attacke

Attacke? Das klingt gefährlich. Ist es aber nicht, denn schließlich ist Trickdogging der Lieblingssport vieler Hundehalter, die größten Wert auf gut sozialisierte, freundliche Vierbeiner legen. Dennoch sieht dieser Trick spektakulär aus. Immerhin springt der Hund entschlossen vom Boden ab, landet mit allen vier Pfoten auf der Brust des Trainers, stößt sich beherzt ab, um kurz darauf wieder sicher mit allen vier Pfoten auf dem Boden der Tatsachen zu landen.

Step 1: Anspringen erlaubt

Da dies ein Trick ist, der vielen Hunden geradezu diebischen Spaß macht, dient er bei Simone Doepp tatsächlich dazu, die Laune ihrer trickverrückten Hunde zu heben. Allerdings ist eine gute Grundmotivation auch Voraussetzung für diesen Stimmungsbooster. Zuerst kniet sich der Trainer hin und ermutigt den Hund dazu, seinen Oberkörper anzuspringen. Beim kleinsten Erfolg wird der Vierbeiner sofort ausgiebig gelobt und mit ihm ausgelassen gespielt. Dann geht es in sehr kleinen Schritten weiter.

Step 2: Berühre die Schultern

Nach und nach macht sich der Hundeführer etwas größer. Nun heißt es, besonders konsequent zu sein, um den Lernerfolg voranzutreiben. Eine Belohnung gibt es nur, wenn der Hund mit den Vorderpfoten die Schultern des Trainers berührt. Er sollte dabei tatsächlich springen und sich nicht nur auf die Hinterbeine stellen.

Step 3: Kräftig abstoßen

Manchmal gibt es jedoch auch Abweichungen vom Trainingsplan, die Simone Doepp sogar fördert – wie die ausgemachte Vorliebe ihrer Hündin Mayday, die sich während des Hochspringens zusätzlich mit den Hinterbeinen vom Bauch ihrer Trainerin abstößt. Kreativ zu sein, ist und bleibt eine wichtige Facette des Trickdoggings. Deshalb lassen erfahrene Trainer ihre Hunde auch schon mal mitentscheiden. Schließlich erhöht die gezielte Förderung einer Vorliebe des Hundes die Wirkung eines Tricks manchmal ganz erheblich.

Step 4: Attacke!

Auch wenn es brachial klingt: Das Hörzeichen für diesen Trick lautet „Attacke". Alternativ oder als Ergänzung kommt ein Sichtzeichen infrage. Der Trainer klopft sich mit beiden Händen auffordernd auf die Brust.

Nur für gesunde Hunde

Die Zulassungskriterien für diesen Trick sind aufgrund des hohen Sprungs jedoch recht streng. Gibt es Probleme mit dem Bewegungsapparat, scheidet „Attacke" der Gesundheit des Hundes zuliebe aus. Außerdem sollte der Trick nur mit gut erzogenen Hunden gezeigt werden. Sie sollten wissen, dass es ansonsten tabu ist, Menschen anzuspringen. Die Ausnahme von dieser Regel ist nur auf ausdrücklichen Wunsch des Trainers hin zu akzeptieren. Ansonsten entwickelt sich der Vierbeiner vermutlich eher zu einer Landplage als zu einem bewunderten Trickdog. Simone Doepp trainiert diesen Trick deshalb immer in Verbindung mit einem Hörzeichen oder Sichtsignal. Neigt der Hund dazu, beim Hochspringen körperlich zu werden, also mit seinen Kilos kräftig herumzurüpeln, sollte dieses respektlose Verhalten korrigiert werden, denn sonst verstärkt dieser Trick womöglich sein Draufgängertum.

Fang's Schwänzchen

Zuverlässiges Nehmen und Festhalten von Objekten sind Voraussetzungen für diesen Trick. Je vielfältiger die Auswahl an Trainingsgegenständen ist, umso besser.

Step 1: Handtuchhalter

Der Hund umfasst auf das Hörzeichen „Nimm" hin ein leichtes Handtuch, z. B. ein Geschirrtuch, mit dem Maul.

Step 2: An den Schwanz gebunden

Als Nächstes wird das Handtuch an den Schwanz des Hundes gebunden. Dabei sanft vorgehen und die ungewöhnliche Verkleidung so lange einstudieren, bis sie ihn nicht mehr stört. Unter Umständen dauert es länger als erwartet. Doch hier lohnt auf jeden Fall Geduld.

Step 3: Schnapp dir das Handtuch

Ist das erste Stück geschafft, motiviert der Trainer den Hund dazu, das an der Rute befestigte Handtuch ins Maul zu nehmen. Nach und nach verkleinert er das Handtuchstück, damit der Hund immer mehr das Gefühl hat, tatsächlich seinen eigenen Schwanz im Maul zu haben. Dabei jeden Zwischenschritt bei erfolgreicher Ausführung belohnen. Zuletzt fällt das Handtuch gänzlich weg.
„Fang den Schwanz", sagt Trickdoggerin Franziska Wieland, wenn sie ihre Hunde zu diesem Trick motiviert. Als Sichtzeichen dient ein zur Rute zeigender Finger.

Für fast alle Hunde geeignet

Aus gesundheitlicher Sicht gibt es wenige Einschränkungen für diese Übung. Lediglich Hunde mit starken Wirbelsäulenproblemen sollten darauf verzichten. Gesunde Hunde profitieren sogar von diesem Trick. Er ist ein wirksames Stretching und eignet sich deshalb als Aufwärmübung vor sportlichen Aktivitäten.
Allerdings gibt es weitere Ausnahmen: Sollte ein Hunde ohnehin die Tendenz haben, aus Langeweile, Überforderung oder Stress die eigene Rute ins Maul zu nehmen, auf keinen Fall den Trick einüben. Das könnte ein unerwünschtes Verhaltensproblem zusätzlich fördern. Das gilt auch für Hunde, die schnell in Stress geraten und bei diesem Trick auf dumme Gedanken kommen. Sobald sich der Ablauf verselbstständigt, sofort das Training abbrechen.
Tipp: Dieser Trick lässt sich auch abwandeln. Zum Beispiel, indem der Hund lernt, anstelle der Rute seine eigene Pfote ins Maul zu nehmen – auch ein publikumswirksamer Effekt.

Hypnose

Gespenstisch! Ein Blick des Trainers genügt, um den in seinen Armen liegenden Hund wie hypnotisiert zusammensacken zu lassen. Kopf und Beine hängen schlaff hinab. Ein eindrucksvoller Trick, der viel Vertrauen erfordert. Und eine geduldige Hilfsperson ist hierbei auch von Vorteil.

Step 1: Beinah tot

Die wichtigste Voraussetzung für das Gelingen dieses Tricks ist – neben einem stabilen Vertrauensverhältnis zwischen Hund und Trainer – das Totstellen (siehe Seite 98) auf Wunsch hin. Je lieber der Hund dieses Kunststück ausführt, desto eindrucksvoller verläuft später die Hypnoseshow.

Step 2: Mit hängendem Kopf

Das Totstellen wird nun auf eine Treppenstufe oder auf ein Podest übertragen. Der Kopf des Hundes sollte hierbei nicht aufliegen, sondern frei in der Luft hängen, wie später dann auch auf dem Arm des Trainers. Gezieltes Locken mit einem Leckerchen hilft bei Hunden, die ihren Kopf gern vorwitzig in die Luft recken.

Step 3: Wie ein Marshmallow

Nun soll auch ein Teil des Oberkörpers frei hinabhängen. Dabei ist Geschick gefragt, denn hinunterrutschen darf der Hund keinesfalls. Also schrittweise austesten, wie weit der Hund vorrutschen kann, ohne das Gleichgewicht zu verlieren. Diese Position soll der Hund später auch einnehmen, wenn er sich auf den Armen des Trainers oder der Hilfsperson befindet. Und zwar auf das Hörzeichen „Hypnose“ oder „Spiel tot“ hin.

Step 4: Alles hängen lassen

Eine Hilfsperson erleichtert den nächsten Trainingsschritt, mit dem sich der Trick noch anspruchsvoller gestalten lässt. Sie soll den tot spielenden Hund nun hochheben. Ermutigen Sie den Hund mithilfe von Leckerchen dazu, den Kopf hängen zu lassen, und vielleicht auch die Beine, was allerdings viel Vertrauen voraussetzt. Sehr großzügig mit den Leckerchen sein. Diese Phase des Trainings ist ausgesprochen wichtig.

Step 5: Nasser Sack

Nun soll der Hund auf dem Boden liegend tot spielen und beim Hochheben schlaff hinabhängen. Während des Hochhebens recken die meisten Hunde immer wieder gern den Kopf hoch. Es bedarf viel konsequenten Trainings, das abzustellen. Am besten immer wieder mit einer Hilfsperson arbeiten, damit einer den Kopf mit Leckerchen in die gewünschte Position locken kann.

Stinkefuß

Lacher sind beim folgenden Trick garantiert, denn es ist einfach urkomisch, wenn ein Hund am Schuh seines Trainers schnüffelt und gleich darauf – wie vom Gestank dahingestreckt – tot zu Boden sinkt.

Step 1: Schau tief in die Schüssel

Alles beginnt mit einem Leckerchen, das in einem Eimer oder in einer Schüssel liegt. Der Hund darf diesen köstlichen Happen nun herausholen und wird beim nächsten Mal sicherlich wieder interessiert die Schüssel inspizieren. Allein für diese Tatsache erntet er ein Lob und erhält das Leckerli aus der Hand. Von nun an belohnt ihn der Trainer jedes Mal für den neugierigen Blick in die Schüssel.

Step 2: Nase in den Schuh stecken

Im nächsten Schritt ersetzt der Trainer die Schüssel durch einen Schuh. Nun die kompletten ersten Trainingsschritte wiederholen und dann immer länger abwarten, bevor die Bestärkung erfolgt. Ziel ist es, den Hund zu motivieren, seine

Nase immer länger im Schuh zu lassen. Das muss allerdings nicht minutenlang sein. Einige Sekunden reichen völlig aus, um den erwünschten Effekt zu erzielen. „Schuh" lautet das Hörzeichen für diesen Trick. Sichtzeichen bieten sich nicht an, weil der Blick des Hundes starr ist, wenn seine Nase im Schuh steckt. Gesundheitlich ist dieser Trick vollkommen unbedenklich und auch für Welpen geeignet.

Step 3: Der „Tot"-Trick

Die Kombination mit dem „Tot"-Trick bietet sich nun förmlich an. Übergangslos im Anschluss an die Schnuppereskapade gezeigt, sorgt er bei Zuschauern für ein Schmunzeln. Das Totstellen beginnt mit dem Signal „Platz". Nun führt der Hundetrainer ein Leckerchen von der Nase des Hundes aus in Richtung Schulter. Um ihm zu folgen, muss sich der Hund zur Seite fallen lassen. Sobald er eine bequeme Liegeposition erreicht, gibt es ein Leckerchen zur Belohnung. Diesen Trainingsabschnitt möglichst oft wiederholen, bis er bombensicher sitzt. Dann geht es zum nächsten Schritt: Der Hund erhält erst dann ein Leckerchen, wenn er auch den Kopf auf dem Boden ablegt. Jetzt erfolgt die Einführung des Hörzeichens „Tot" oder „Schlafen", je nachdem, was dem Hundetrainer lieber ist. Das Alltagsplus an diesem Trick? Er stärkt das Vertrauen zwischen Hund und Hundeführer.

Step 4: Noch viel toter!

Tot stellen kann er sich schon, doch geht's noch toter? Bei den Trickdoggern schon. Ausgangspunkt ist die zuvor eingeübte „Totstellposition". Nun führt der Hundetrainer das Leckerchen so über den Kopf des Hundes, dass sich dieser nach oben dreht. Jetzt aufpassen, dass sich der Hund nicht ganz herumrollt. Bremsen Sie ihn ruhig mit einer Hand. Als Hörzeichen empfiehlt sich „Mausetot". Wichtig: „Mausetot" ist eine Übung für Hunde mit gutem Körpergefühl, gesunder Wirbelsäule und tadelloser Hüfte.

Fast wie Picasso

Eine jungfräuliche Leinwand, ein griffiger Pinsel und leuchtende Farben. Mit dieser Grundausstattung gelangte schon so mancher Künstler zu Weltruhm. Dies nahmen sich die Trickdogger zum Vorbild. Sie staffierten ihre kreativsten Mitglieder mit Malerutensilien aus und greifen seitdem nicht nur in die Trickkiste, sondern auch in den Farbeimer, der natürlich mit ungiftiger Kinderfarbe gefüllt ist.

Step 1: Mit Pinsel im Maul

„Nimm", „Halt fest" und zielgerichtete Kopfbewegungen (siehe Seite 38) in gewünschte Richtungen bilden die Basis dieses effektvollen Tricks. Doch als Erstes soll der Hund lediglich den Pinsel halten. Mit dem Maul, nicht mit den Pfoten. Und diese Anforderung ist ein Kinderspiel, wenn das Hörzeichen „Nimm" sicher funktioniert.

Step 2: Gekonnte Pinselführung

Gezielte Kopfbewegungen sind beim nächsten Step wichtig. Der Hund hält den Pinsel im Maul und soll damit nun bestimmte Bewegungen ausführen. Später lässt sich das bis zum gezielten Malen hin steigern. Doch vorerst reichen zuverlässige Bewegungen zu den Seiten, nach oben und nach unten.

Step 3: Ab in den Farbtopf!

Die Bewegung nach unten ist hierbei besonders wichtig. Schließlich soll der vierbeinige Künstler den Pinsel eigenständig in den Farbtopf tunken oder auf die Palette lenken. Unbedingt auf eine präzise Ausführung dieses Trainingsabschnitts achten. Ansonsten ist später der ganze Trick in Gefahr.

Step 4: Leinwand treffen

Nun kommt die Leinwand ins Spiel. Tipp: Diese Requisite gibt es im Malerfachhandel und sie ist auch bei Onlinehändlern im Internet zu finden. Die Leinwand sollte recht nah vor dem Hund aufgebaut werden. Nun wartet der Trainer ab, bis der Hund mit dem Pinsel zufällig die Leinwand berührt, und bestärkt diesen Erfolg sofort. Nun ist durchaus eine richtige Party angesagt, damit der Hund höchste Motivation entwickelt, den Pinsel erneut an die Leinwand zu führen.

Step 5: Ein echter Picasso!

Zu guter Letzt fehlt nur noch die Farbe. Um den Hund an den ungewöhnlichen Einsatz als Mini-Picasso zu gewöhnen, die Farbe anfangs in ein großes Gefäß füllen, das der Hund mit dem Pinsel leicht treffen kann. Unter Umständen ist es besser, erst mal ohne Farbe zu üben, bis der Pinsel sicher ins Gefäß trifft. Nach und nach darf hier mehr Präzision gefordert werden. Tipp: Auf einer Wiese oder Unterlage üben. Bei den ersten Versuchen geht meistens etwas Farbe daneben. Dann den Hund zunehmend mit dem Pinsel an der Leinwand dirigieren. Er soll auf Wunsch den Kopf bewegen und malen.

Gute Nacht!

Der Wecker klingelt. Die Nacht ist vorbei, doch die Französische Bulldogge Spoon würde lieber noch länger schlafen. Also raus aus den Federn, den Wecker ausstellen und wieder ins Bett! Für Hundehalter kein Problem. Aber für den Vierbeiner? Auch nicht. Zumindest dann nicht, wenn er das „Gute Nacht"-Kunststück beherrscht.

Step 1: Das sollte Ihr Hund können

Es gibt Voraussetzungen für diesen Trick: Der Hund muss das Hörzeichen „Platz" beherrschen. Außerdem sollte er auf Wunsch seinen Kopf ablegen (siehe Seite 26). Um das Bett zu verlassen, muss der Hund auf Signal hin kommen. Und dann wäre da noch das Drücken der Wecktaste mit der Pfote – das Aufsetzen der Pfote auf einen Gegenstand.

Step 2: Pfötchen geben

Um ans Ziel zu kommen, beginnt man von hinten. Zuerst lernt der Hund, auf Signal hin die Pfote zu geben (siehe Seite 34). Das erreicht der Trainer, indem er in seiner Hand ein Leckerchen oder ein Spielzeug versteckt. Natürlich versucht der Hund, daranzukommen. Früher oder später wird er auch seine Pfote einsetzen. In diesem Moment erfolgt eine Bestätigung.

Step 3: Auf den Wecker hauen

Jetzt wird das Pfötchengeben auf eine neue Situation übertragen. Der Trainer hält seine Hand über den Wecker. Spoon gibt die Pfote und wird bestärkt. Als Nächstes wird die Hand nun bei jeder Übung weiter zurückgenommen. Anfangs reicht es, wenn die Pfote die Alarmtaste des Weckers kurz berührt. Danach stellt Simone Doepp den Wecker, damit er klingelt. Nun folgt das Zeichen zum Pfoteheben, sie berührt die Taste, der Alarm verstummt und sofort gibt es eine Bestätigung.

Step 5: Im Bett liegen

Spoon hatte Gelegenheit, in aller Ruhe das kleine Bett zu erkunden. Nun soll sie lernen, hineinzuklettern. Anfangs reicht es, wenn die Hündin hinauf- und wieder hinunterklettert. Simone Doepp lockt die Französische Bulldogge mit einem Leckerchen und bestätigt jedes Mal sofort, wenn Schritt eins erfolgreich gemeistert wurde. Nun soll Spoon mit allen vier Pfoten auf dem Bett stehen und so verharren. Während der ersten Versuche wird der Hund bestärkt, sobald er auf dem Bett steht. Beherrscht er das, erfolgt die Bestärkung erst, wenn er stehen bleibt. Am Anfang reicht eine Sekunde, danach ausdehnen. Schließlich kommt das Platzmachen und Kopfablegen im Bett, dann die Kombiantion aus allem.

Auf dem Hundeplatz

EINFACH MAL zwischendurch tricksen? Ganz ohne große Vorbereitung und Koffer voller Requisiten? Kein Problem. Die folgenden Kunststücke lassen sich fast überall umsetzen. Sogar auf dem Hundeplatz, wo sie zur Auflockerung dienen oder den Abschluss einer Trainingsstunde bilden.

Rückwärts bei Fuß laufen

Diesen Trick kann jeder Hund lernen. Und das ist gut, denn er trägt dazu bei, die ganz normale Unterordnung wieder etwas aufzupeppen. Alles was man dazu braucht, sind gute Leckerchen und eine seitliche Begrenzung, die seitliches Ausscheren verhindert. Laura Dühning und Sam haben jedenfalls einen Riesenspaß an diesem Trick.

Step 1: Halt bieten

Eine seitliche Begrenzung ist sinnvoll, um stressfrei in diesen Trick zu starten. Trickdogger benutzen gern einen Zaun, eine Mauer oder eine am Boden liegende Bierzeltgarnitur.

Step 2: Begrenzung ansteuern

Nun nähern sich Zwei- und Vierbeiner – der Hund möglichst ordentlich bei Fuß – der Begrenzung. Um den Trick einzuleiten, stehen beide parallel dazu. Seitliches Ausweichen sollte nicht möglich sein.

Step 3: Nur einen winzigen Schritt

Nun nimmt der Trainer mit der dem Hund zugewandten Hand ein Leckerchen und führt es zum Brustbein des Trickdogs. Zeigt der Hund auch nur die kleinste Rückwärtstendenz, belohnt ihn der Trainer sofort. Hunde, die bereits mit frontal vor ihnen stehendem Trainer rückwärts laufen, haben es leichter bei diesem Trick.

Step 4: Strecke verlängern

Nun soll sich der Hund schrittweise an immer längere Rückwärtsepisoden gewöhnen. Dazu führt der Ausbilder die Hörzeichen „Back" oder „Heel" ein und verlängert die Rückwärtsdistanz immer mehr, bevor es ein Leckerchen gibt. Er selbst geht gemeinsam mit dem Hund rückwärts.

Step 5: Die optimale Höhe

Um den Hund vom Leckerchenreiz auf das reine Hörzeichen umzupolen, nimmt der Trickdogger die Leckerchenhand langsam höher, sobald der Hund verstanden hat, worum es bei diesem Trick geht. Setzt sich der Hund nun, kehrt der Trainer zum Anfang der Übung zurück und bewegt das Leckerchen vorübergehend wieder auf das Brustbein des Trickdogs zu. Sollte sich der Hund nun hinlegen, ist die Hand des Ausbilders zu tief – dann beim nächsten Mal etwas höher nehmen.

Geh … und mach den Trick allein

Tricks sind an und für sich schon anspruchsvoll genug. Doch sie entwickeln noch weitaus mehr Anspruch, wenn der Trainer weit entfernt vom Hund steht. Die Basis hierfür ist das Vorausschicken des Hundes. Anschließend offenbart sich eine Vielfalt an Möglichkeiten. Simone Doepp und Motte weisen den Weg.

Step 1: Leine platzieren

Als Erstes trainieren Hund und Ausbilder das Vorausschicken. Dabei hilft eine Leine, die in kurzem Abstand zum Hund am Boden liegt und mit einem Leckerchen versehen zum Lustobjekt wird.

Step 2: „Voraus“

Der Trainer geht zurück zum Hund und gibt das Hörzeichen „Voraus“. Gleichzeitig streckt er Arm und Hand in Richtung Leine aus. Wichtig: Nicht hinter oder über dem Hund stehen. Ansonsten nimmt er das Sichtzeichen nicht wahr.

Step 3: Noch nicht verstanden?

Der Hund reagiert nicht und verharrt unsicher am Ausgangspunkt? Dann nachhelfen und ihm den Weg zeigen, indem man selbst bis zum Leckerchen mitgeht. Diese Hilfe schrittweise reduzieren, bis der Vierbeiner von selbst voranläuft.

Step 4: Kleine Tricks auf Entfernung

Jetzt gilt es, die Distanz bis zur Leine schrittweise zu erhöhen. Parallel sollte der Trainer bereits gut sitzende Tricks auf Distanz abfragen. Das verstärkt den Lerneffekt enorm.

Step 5: Und jetzt kombinieren

Nun erfolgt die Kombination einzelner Schritte. Der Trainer schickt den Hund voraus, folgt ihm bis zur Leine, wartet in aller Seelenruhe ab, bis das Leckerchen verputzt ist, und gibt dann das Signal für einen Trick. Schön sind „Männchen machen“, „Winken“, „Gib Laut“ oder andere Szenen, die dem Ausbilder besonders gefallen.

Step 6: Nun kann er es beinah allein

Sobald die Ausführung des Tricks keine Wünsche mehr offenlässt, bleibt der Trainer schrittweise immer weiter hinter dem Hund zurück, um von dort den Trick abzufragen. Das Ziel ist, letztendlich am Ausgangspunkt zu stehen, den Hund vorauszuschicken und dann das Signal für den Trick zu geben. Tipp: Manchmal hilft es, das Leckerchen von Anfang an zu werfen, damit sich der Hund nicht auf die Hand des Trainers fixiert. Als Hörzeichen verwendet Simone Doepp „Voraus“ und dann das jeweilige Tricksignal. Die in Richtung Leine zeigende Hand ist das primäre Sichtzeichen. Das andere variiert von Trick zu Trick.

Wer keine Leine nehmen möchte, legt einen Bierdeckel oder einen Schlüssel auf den Boden. Filmhunde arbeiten mit minimalen Markierungen, die außer ihnen kaum einer wahrnimmt.

mit Sprung vom Knie Spielzeugschnapper

Körperkontakt, ein gezielter Sprung und das Schnappen eines Spielzeugs, das gerade durch die Luft wirbelt … Dieser Trick besteht gleich aus mehreren anspruchsvollen Elementen. Deshalb erfordert er einen langsamen Aufbau und anfangs auch den Einsatz einer Hilfsperson. Doch der Aufwand lohnt sich, denn das Ergebnis kann sich sehen lassen, wie Franziska Wieland und Batido zeigen.

Step 1: Das Standbein

Der erste Schritt besteht darin, den Hund dazu zu motivieren, sich mit den Vorderpfoten auf den Oberschenkel des Ausbilders zu stellen. Dafür lockt er ihn mit einem Spielzeug. Klappt das, erfolgt sofort eine Belohnung. Der Hund darf mit dem Spielzeug herumtoben.

Step 2: Mit gekonntem Wurf

Nun schleudert der Trainer das Spielzeug ein Stück weit in die Luft. Für den Hund ist das in der Regel ein willkommener Anlass, vom Oberschenkel des Trickdoggers abzuspringen und hinter dem Flugobjekt herzuflitzen. Eine Hilfsperson ist in dieser Phase sinnvoll. Sie unterstützt das tricksende Duo bei der Optimierung des Timings für den Flug des Spielzeugs. Schließlich soll es der Hund ja in der Luft fangen, und das setzt einen gekonnten Wurf voraus.

Step 3: Auf die Absprungrampe, fertig, los!

Als Hörzeichen verwendet Franziska Wieland „Jump Knie" und achtet darauf, den Sprung vom Knie mit anschließendem Spielzeugfang nur mit ausgewachsenen, gesunden Hunden zu machen. Junge Hunde sollten diese Übung darauf beschränken, sich auf Signal hin auf das Knie des Trainers zu stellen. Der Sprung kommt dann erst später hinzu. Eine gute Vertrauensübung ist dieser vorbereitende Schritt aber allemal.
Achtung: Alle Tricks, bei denen der Hund sehr körperlich wird und an oder auf Menschen springt, sollten nur auf Signal und auf der Basis einer soliden Grunderziehung einstudiert werden.

Backvault

Backvault nennen es die Discdogger, und genauso exotisch, wie er klingt, ist dieser Trick auch tatsächlich. Da begeben sich gestandene Trickdogger auf alle Viere oder liegen bäuchlings im Gras. Zudem kraxeln Hunde auf ihnen herum und schnellen vom Rücken aus hinter einem geworfenen Spielzeug her. Ganz schön sportlich und deshalb auch nur für ausgewachsene, gesunde Hunde geeignet.

Step 1: Mit Hilfsperson

Eine Hilfsperson ist bei diesem von Carolin Braun und Kiwi gezeigten Trick unbedingt erforderlich – außer der Trainer mutiert spontan zum Yogameister und Leckerchen-Timing-Künstler. Sie hilft, den Hund daran zu gewöhnen, seine Vorderpfoten auf den möglichst gerade gehaltenen Rücken des auf allen vieren positionierten Trainers zu setzen.

Step 2: Ich steig dir aufs Dach!

Nun sollen auch die Hinterpfoten Platz auf dem Rücken finden, das heißt, der Hund steht mit allen vieren auf seinem Menschen. Dabei ist ebenfalls Hilfe erforderlich, sonst klappt das nur schwerlich.

Step 3: Absprungsrampe

Als Nächstes wirft die Hilfsperson ein Spielzeug, um den Hund zum Absprung zu motivieren. Klappt das wie geplant, folgt der nächste Schritt, falls nicht, ein anderes Spielzeug ausprobieren.

Step 4: Positionswechsel

Nun sitzt der Hund seitlich vom Trainer am Boden. Der Helfer wirft wieder ein Spielzeug, das der Hund auf Signal hin fangen soll. Das wiederholt er, während der Trainer seine Position mehrfach verändert. Zuerst ist er auf allen vieren, dann richtet er sich etwas mehr auf. Dadurch gewöhnt sich der Hund an die ungewöhnliche Optik.

Step 5: All in one

Sobald all das gut funktioniert, werden die Puzzlesteine des Tricks zusammengefügt, und nun hat die Hilfsperson Pause. Der Trainer gibt sämtliche Signale selbstständig und wirft auch das Spielzeug – Trainingseffekt inklusive. Das Hörzeichen für diesen Trick lautet übrigens „Jump Rücken".

Catwalk

Sollte mal ein begabtes Hundemodel gesucht werden, haben Laura Dühning und Ida beste Chancen. Denn Laufstegtraining gehört bei ihnen zum festen Repertoire. Allerdings laufen sie nicht nur herablassend in die Runde blickend darauf auf und ab, sondern zeigen Tricks, die begeistern und die Herzen berühren.

Step 1: Auf den Laufsteg

Bevor es losgeht, macht sich der Hund mit dem Laufsteg vertraut. Sobald er das Gerät kennt, führt ihn der Ausbilder darauf und motiviert ihn mit einem Leckerchen dazu, auf dem Laufsteg zu verweilen. Gleichzeitig gibt er das Hörzeichen „Stopp“ und lässt jede Menge Leckerchen springen.

Step 2: Mach mal 'ne Pause

Ruhig viel Zeit auf den ersten Schritt verwenden. Denn selbst Hunde, die den Laufsteg gut kennen, empfinden es anfangs als befremdlich, darauf zu verweilen. Es ist völlig legitim, den Hund in der ersten Zeit festzuhalten, um zu verhindern, dass er hinunterfällt und sich dabei womöglich noch verletzt.

Step 3: Kleine Übungen in luftiger Höhe

Sobald sich der Trickdog auf dem Laufsteg wohlfühlt, startet das Tricktraining. Zuerst stehen einfache Anforderungen auf dem Übungsplan, damit der Hund schnell möglichst viele Erfolge verbucht. Ein korrekt ausgeführtes „Sitz“ ist beispielsweise ein toller Einstieg.

Step 4: Kleines Showprogramm

Nun die Tricks zunehmend variieren. Winken, Lautgeben, Platzmachen und Verbeugen sind bestens für die Show auf dem Laufsteg geeignet.

Step 5: Auf Distanz

Funktionieren diese Tricks zuverlässig, entfernt sich der Trainer schrittweise vom Laufsteg. Das Distanztraining fällt bei diesem Trick meistens recht leicht, weil die Höhe des Laufstegs den Vierbeiner hemmt, einfach hinter dem Ausbilder herzuspurten. Leckerli sollten nun nur noch oben auf dem Laufsteg gegeben werden, damit der Hund nicht auf die Idee kommt, er müsse schnell abspringen, um beim Trainer einen Leckerbissen einzukassieren.

Der Trick ist für alle gesunden, ausgewachsenen Hunde geeignet und ein gutes Koordinationstraining. Bei jungen Hunden ist das Koordinationsvermögen oft noch nicht zum Besten bestellt. Deshalb grundsätzlich beim Laufstegtraining immer in ihrer Nähe bleiben, um Stürze zu verhindern. Hilfreich ist, den Steg anfangs ganz niedrig einzustellen oder ein am Boden liegendes Brett zu verwenden.

Hopp & Drunter

Obendrüber oder untendurch? Das ist hier die Frage. Trickdogs beherrschen natürlich beide Varianten. Das Spannende ist jedoch, für welche sie sich entscheiden. Denn beim Trick „Hopp & Drunter" ist viel Variation gefragt. Und dabei zeigt sich, ob der Hund eher ein Springer oder ein Kriecher ist.

Step 1: Übers Hindernis springen

Der sichere Sprung über ein Hindernis ist eine Voraussetzung für diesen Trick, womit Agilityfans klar im Vorteil sind. Aber eine Agilitykarriere ist kein Muss, um bei „Hopp & Drunter" Erfolge zu feiern. Kann der Hund außerdem robben, bringt das weitere Pluspunkte.

Step 2: Drunter durchkrabbeln

Jetzt stellt der Trainer das Hindernis sehr hoch ein. Es geht nicht um Mächtigkeitsspringen, sondern darum, den Hund zum Untendurchkrabbeln zu motivieren. Mit einem Leckerchen weist Laura Dühning ihrem Hund den Weg unter dem Hindernis durch. Gleichzeitig gibt sie das Hörzeichen „Drunter". Sobald der Hund den Zusammenhang begreift, geht es zum nächsten Trainingsschritt.

Step 3: Fast wie beim Limbo

Nach und nach stellt der Ausbilder die Stange tiefer ein und fordert den Hund jedes Mal aufs Neue mit dem Wort „Drunter“ auf, unter dem Hindernis durchzulaufen – bis die Stange so tief ist, dass Robben die einzige Möglichkeit ist, um ans Ziel zu kommen.

Step 4: Drunter und drüber

Als Variationsmöglichkeiten oder Alternativen bieten sich Bierzeltgarnituren, eine Schranke oder auch Geländer zum Üben an. „Hopp“ ist das Hörzeichen für den Sprung über das Hindernis, der nur für ausgewachsene, gesunde Hunde zu empfehlen ist. „Drunter“ steht für Robben und kommt als Übung ebenfalls nur für gesunde Hunde infrage.

Step 5: Mit zwei Hunden

Als Steigerung lässt sich dieser Trick auch mit zwei Hunden einstudieren, wie es Stefanie Gerbracht gern macht. Die beiden sollten sich gut verstehen und die Signale „Steh“, „Bleib“, „Spring“ und „Ducken“ zuverlässig beherrschen. Es empfiehlt sich, mit zwei Hundeführern zu arbeiten. Jeder Hund reagiert nur dann, wenn er von seinem Hundeführer angesprochen wird. Das Ansprechen jedes Hundes mit seinem Namen ist wichtig, bevor weitere Signale erfolgen.

Step 6: Über den Kumpel und untendurch

Der erste Trainer positioniert seinen Hund ins Steh und belohnt ihn dafür. Gleichzeitig motiviert der zweite Trainer seinen Hund zu einem Sprung über seinen Kumpel. Je nach Größe des Hundes kann der andere auch untendrunter durchkriechen. Gelingt das, gibt es eine Belohnung für beide. Die Hilfengebung und die Nähe der Ausbilder zu den Hunden werden nach und nach abgebaut.

Wippen

Manche Hunde haben Probleme mit wechselnden Untergründen und auf beweglichen wären sie ganz aufgeschmissen. Das kann Trickdogs nicht passieren, denn sie betätigen sogar selbst eine Wippe. Dabei geht es um Balancegefühl und Rhythmus im Blut. Ein Trick, der bei Erwachsenen anerkennendes Schmunzeln und bei Kindern blanken Neid aufs tolle Spielgerät auslöst.

Step 1: An die Wippe gewöhnen

Bevor das Training beginnt, erfolgt die Gewöhnung des Hundes an die Wippe. Dann führt ihn der Ausbilder bis zur Mitte des Spielgeräts.

Step 2: Kniebremse

Nun ist es wichtig, den Hund an Ort und Stelle festzuhalten, um gleichzeitig ein Knie unter die Wippe zu schieben. Das Knie fungiert als Bremse, wenn der Hund im nächsten Schritt nach vorn gehen soll.

Step 3: Langsam absenken

Simone Doepp motiviert Boxer Lois nun dazu, einen Schritt vorwärts zu machen. Das Knie stützt weiterhin von unten, damit die Wippe nur sehr langsam und kontrolliert nach unten kippt. Der Hund soll bei dieser Übung lernen, dass er Kontrolle über die Wippbewegung hat.

Step 4: Und noch mal

Am unteren Ende angekommen, lockt der Trainer den Hund mithilfe eines Leckerchens wieder in die andere Richtung. Der Hund blickt nur erneut zum höchsten Punkt der Wippe.

Step 5: Ein paar Mal wippen

Dann geht es wieder nach oben, bis zum Mittelpunkt der Wippe und auf der anderen Seite hinunter. Das wiederholt man solange, bis der Hund begreift, dass er selbst die Bewegungen der Wippe verursacht. Ist das der Fall, setzt der Trainer sein Knie immer weniger ein. Dadurch kommt mehr Bewegung ins Geschehen. Anfangs vorsichtig sein, damit sich der Hund nicht erschreckt oder gar von der Wippe fällt.

Step 6: Schaukeln

Der Hund übernimmt das Wippen nun zunehmend in Eigenregie. Der Trainer führt das Hörzeichen „Schaukel" ein. Da dieser Trick selbstbelohnend ist, weil er den meisten Hunden richtig Spaß macht, ist die vollendete Ausführung meistens schnell erreicht. Der Trick ermöglicht eine tolle Koordinationsschulung, bedarf aber penibler Überwachung, damit es nicht zu Missgeschicken kommt. Gesundheit und ein ausgewachsener Körper sind Voraussetzung. Junge Hunde dürfen die Wippe aber schon als interessantes Spielgerät kennenlernen. Dafür reicht übrigens auch ein stabiles Brett mit einem kleinen, darunter platzierten Rohr.

Steilhang – und das rückwärts

Bergsteiger und Free Climber aufgepasst: Bei diesem Trick geht's hoch her. Und steil dazu, was das Koordinationsvermögen der Trickdogs ganz schön herausfordert. Etwas aufwendig ist die dafür erforderliche Requisite. Eine professionelle Agilitywand ist ideal, kann aber als Bretternachbau ebenso gute Dienste leisten. Handwerkliches Geschick und einige Pinsel voller Farbe schaffen schnell ein echtes Meisterwerk.

Step 1: Zurück und anhalten

„Steh" und „Rückwärts" bilden die Basis für diesen von Jennifer Römer gezeigten Trick. Beides sollte zuverlässig abrufbar sein. Ist das nicht der Fall, nochmals nacharbeiten, bevor es an die nächste Herausforderung geht.

Step 2: Rückwärts übers Brett

Als Requisite erfordert dieser Trick eine Agilitywand oder ein sehr breites Brett, das später – mit Halt gebenden Sprossen versehen – als Wand dient. Anfangs liegt das Brett flach auf dem Boden. Der Trainer schickt den Hund rückwärts darüber und belohnt ihn.

Step 3: Langsam wird's steiler

Nun erhöht der Ausbilder schrittweise den Steigungswinkel der Wand. Hierbei langsam vorgehen. Der Hund sollte jede Stufe absolut sicher beherrschen, bevor die Anforderung wächst. Dabei stets ausgiebig mit Leckerchen belohnen.

Step 4: Effektive Gymnastikübung

Auch die Einführung des Hörzeichens erfolgt während der ersten Trainingsschritte. „BaWa" sagt Jennifer Römer, abgeleitet von „Back Wand". Der Trick mit der Wand gymnastiziert den Körper des Hundes effektiv und schult die Koordination. Steilwände sind nur etwas für ausgewachsene, gesunde Hunde. Junge Trickdogs dürfen sich jedoch ohne Weiteres auf der flach am Boden liegenden Wand versuchen.

Wichtig: Wer eine Agilitykarriere plant, sollte Tricks meiden, bei denen Agilitygeräte Verwendung finden. Ansonsten sorgt das beim Hund womöglich für Verwirrung.

Tür öffnen

Echt cool – ein Hund, der an der Tür steht und lässig seine Pfoten auf die Klinke drückt. Der Clou: Er öffnet die Tür auch tatsächlich. Vielleicht ist das der Grund, weshalb Trickdogger stets genau überprüfen, ob ihre Haustür auch gut abgeschlossen ist. Das Risiko der Verselbstständigung besteht allerdings nur bei großen Hunden. Kleine brauchen einen zusätzlichen Kniff, um ans Werk zu gehen.

Step 1: Hau die Fliegenklatsche

Lisa Buhs verwendet für den Aufbau dieses Tricks gern einen Step Target. Das kann einfach eine Fliegenklatsche sein, die sich bestens fürs Pfotenauflegen eignet. Zuerst wird geübt, dass der Hund auf Signal hin den Target Stick mit seiner Pfote berührt. Erst wenn das zuverlässig klappt und immer wieder belohnt wurde, geht es weiter.

Step 2: Auf zur Tür

Jetzt geht es mitsamt Hund und Target Stick zur Tür. Der Trainer hält den Stick erst relativ weit unten an die Tür und fragt die Berührung mit der Pfote ab. Dann geht es schrittweise höher. Allerdings nur, wenn der Hund gut mitzieht und jeder Erfolg durch Belohnung bestärkt wurde.

Step 3: Zur Klinke hüpfen

Auf Höhe der Türklinke angelangt, ermutigt der Trainer den Hund zum Hochspringen. Anfangs sollte sich die Tür beim Training nicht versehentlich öffnen. Denn das könnte den Hund erschrecken und den bislang erarbeiteten Übungserfolg gefährden.

Step 4: Open the door

Nun hält der Trainer das Step Target direkt auf die Klinke und fordert den Hund auf, Pfotenkontakt zu zeigen. Drückt er dabei die Klinke tatsächlich sofort runter, ist eine dicke Belohnung angesagt. Nun führt der Trainer auch das Signal „Open" ein. Sobald der Hund „Open" richtig befolgt, fällt das Step Traget für das weitere Training weg.

Step 5: Sesam, öffne dich!

Als Nächstes soll der Hund den Trick auf ein Hörzeichen hin ausführen. Die Tür bleibt jetzt unverschlossen, beim Öffnen hält der Ausbilder jedoch mit der Hand gegen, um den Hund schrittweise an das Öffnen der Tür zu gewöhnen.

Step 6: Hilfsmittel für die Kleinen

Für kleine Hunde gibt es einen anderen Weg. Der Trainer befestigt für sie ein Seil an der Türklinke. Der Hund lernt, das untere Ende ins Maul zu nehmen, daran zu ziehen und die Tür so zu öffnen. Bei Problemen erst mit dem Seil allein trainieren. Reagiert der Hund beim Öffnen der Tür ängstlich, sollte er öfter mal entspannt danebensitzen, während die Tür geöffnet und wieder geschlossen wird.

Service

CLICKERTRAINING, der bewusste Einsatz der Körpersprache und viel Kreativität sind Bausteine erfolgreichen Trickdoggings. Im folgenden Serviceteil finden Sie viele Anregungen zum Weiterlesen, damit Ihr ganz persönliches Trickdoggingerlebnis noch spannender wird.

Zum Weiterlesen

Rund um Clicker und Körpersprache

Krauß, Katja: Hunde erziehen mit dem Clicker. Kosmos 2010.
Metz, Gabriele und Ramona Teschner: Body Talk – Körpersprache für Hundehalter. Kosmos 2011.
Pietralla, Martin: Clickertraining für Hunde. Kosmos 2003.
Pietralla, Martin: Clickertraining für unterwegs. Kosmos 2004.

Tricks, Spiel und Spaß für Hunde

Büttner-Vogt, Inge: Mehr Spiel & Spaß mit Hund. Kosmos 2012.
Doepp, Simone und Gabriele Metz: Trick Dogs. Kosmos 2009.
Führmann, Petra und Nicole Hoefs: Erziehungsspiele für Hunde. Kosmos 2011.
Actun, Karin: Hundefrisbee. Kosmos 2011.

Zum Weiterclicken

www.vdh.de
www.hundeschule-westerwald.de
www.gabriele-metz.de
www.trickdogging-forum.de

Register

Bildnachweis

236 Farbfotos wurden von Gabriele Metz/Kosmos für dieses Buch aufgenommen. Weitere Fotos von Melanie Grande/Kosmos (1; S. 5) und von privat (1; S. 4)

Impressum

Umschlaggestaltung von eStudio Calamar unter Verwendung von einem Farbfoto von Sandra Schürmans und 3 Farbfotos von Gabriele Metz/Kosmos.

Mit 249 Farbfotos.

Unser gesamtes lieferbares Programm und viele weitere Informationen zu unseren Büchern, Spielen, Experimentierkästen, DVDs, Autoren und Aktivitäten finden Sie unter **kosmos.de**

Gedruckt auf chlorfrei gebleichtem Papier

ISBN 978-3-440-12540-3
Redaktion: Alice Rieger
Gestaltungskonzept: solutioncube GmbH, Reutlingen
Gestaltung und Satz: Atelier Krohmer, Dettingen/Erms
Produktion: Eva Schmidt
Printed in Germany / Imprimé en Allemagne

FSC www.fsc.org
MIX
Papier aus verantwortungsvollen Quellen
FSC® C110508